中国智能家居产业联盟推荐用书

智能家居
基本原理及应用

ZHINENG JIAJU JIBEN YUANLI JI YINGYONG

U0303388

◆ 主 编 强静仁 张 珣 王 斌
◆ 编 委 （以姓氏笔画排序）

王 斌 王 淼 王远春 王胜阳 仇玉龙 庄志鹏 刘海山
孙婷婷 严汉明 李 强 李利青 李海磊 肖加清 何家平
张 珣 张向东 张焕荣 陈铁红 陈鸿填 林楚辉 金中权
周 军 秦文彤 徐 文 黄祖衡 强静仁

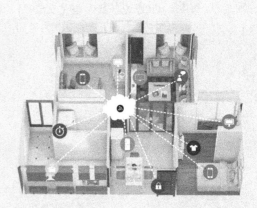

华中科技大学出版社
http://www.hustp.com
中国·武汉

图书在版编目(CIP)数据

智能家居基本原理及应用/强静仁,张珣,王斌主编.—武汉:华中科技大学出版社,2017.5
(2023.1重印)
ISBN 978-7-5680-2602-4

Ⅰ.①智…　Ⅱ.①强…　②张…　③王…　Ⅲ.①住宅-智能化建筑　Ⅳ.①TU241

中国版本图书馆 CIP 数据核字(2017)第 034161 号

智能家居基本原理及应用
Zhineng Jiaju Jiben Yuanli ji Yingyong

强静仁　张　珣　王　斌　主编

策划编辑:曾　光
责任编辑:沈　萌
封面设计:孢　子
责任校对:何　欢
责任监印:徐　露
出版发行:华中科技大学出版社(中国·武汉)　　电话:(027)81321913
　　　　　武汉市东湖新技术开发区华工科技园　　邮编:430223
录　排:华中科技大学惠友文印中心
印　刷:广东虎彩云印刷有限公司
开　本:787mm×1092mm　1/16
印　张:12.25
字　数:309 千字
版　次:2023 年 1 月第 1 版第 8 次印刷
定　价:35.00 元

本书若有印装质量问题,请向出版社营销中心调换
全国免费服务热线:400-6679-118　竭诚为您服务
版权所有　侵权必究

▶序言 ▶▶ ▶

    我们正处在一个快速变革的时代，随着高速无线通信、传感器电子技术的突破性发展，物联网正以其颠覆性变革、全面性渗透，让人类生活变得更加智能和便利，并创造出一个万亿级的大市场。智能家居的概念在移动互联网爆发后再次被广泛提及，从云端、家居终端到手机 APP 控制端，无论是国外的谷歌、苹果、微软，还是国内的 BAT、小米、海尔、美的，都在从不同的角度切入这个前景广阔的市场。比尔·盖茨在《未来之路》中提到："在不远的未来，没有智能家居系统的住宅会像今天不能上网的住宅一样不符合潮流。"

    随着物联网、云计算等新兴技术相继进入智能家居行业，众厂商也各自形成了自己的特色产品，产品价格也逐步向平民化的趋势迈进。从有线到无线、从概念炒作到应用实施，智能家居经过十几年的发展，终于实现了质的跨越。智能家电、智能灯光、电动窗帘、家庭安防、多媒体影音、智能穿戴等，这些场景化的应用正在一步步提高人们的生活质量。

    未来物联网智能家居不会限制我们利用它们去做什么，而是会突出它们能够为我们做什么。换句话说，未来物联网智能家居比我们的父母、朋友甚至我们自身都更加了解和理解我们，它们知道我们真正需要什么，并能够主动帮助我们实现。比如，一碗粥、一盘菜，我们自己可能只会依靠自己的感觉、喜好来判定我们想不想吃、要不要吃，而物联网智能家居会告诉我们，我们身体需要哪些营养成分，我们的体质是否适合喝这碗粥或吃这盘菜。比"我们更懂我们"才是真正物联网智能家居应该具备的特质。

    作为高校的新专业，"物联网工程"起步于 2012 年。据统计，至今全国已经有超过 700 所院校开设了物联网工程专业。"物联网工程"属于跨学科专业，它综合了电子工程和计算机科学技术等学科，利用互联网、无线通信、传感器、云计算和智能分析等关键技术设计和实现物联网架构及应用。该专业的学生将学习电子和计算机技术，并将其运用到物联网应用设计、测试和故障检查的先进设备与系统中，同时结合实际应用，进行复杂的系统、平台和通信网络等工程训练。也正是因为这种综合学科性质，国内目前物联网教材存在良莠不齐的局面，谈技术理论的多，结合实际案例的少。这也让很多企业难以招到专业人才，高校教学的"大而全"必须转化成"专而精"才更有现实意义。非常感谢武汉学院能以"全人发展"理念来指导教学，着眼于学生未来的价值增值能力，践行务实的"产学研"生态。

    本书得到了中国智能家居产业联盟（CSHIA）二十余家企业的鼎力支持，各位技术研发总监为本书的编写提供了高质量的技术素材。在此也要特别感谢武汉学院信息及传播学院副院长强静仁、杭州电子科技大学张珣博士、嘉兴学院王斌博士的大力支持和无私奉献。

    未来是属于物联网的时代，物联网智能家居将大有可为。

中国智能家居产业联盟秘书长   周军

目 录

第1章
概论

1.1　智能家居的背景

1.1.1　智能家居的起源

19 世纪中期开始的第二次工业革命促使电能广泛应用,电器发明层出不穷。20 世纪 30 年代,世界博览会上,有人提出了家庭自动化的设想。直到 1984 年,智能家居在美国康涅狄格州才有了原型建筑。当时,人们对一座旧式大楼进行了一定程度的改造,采用计算机系统对大楼的空调、电梯、照明等设备进行监测和控制,并提供语音通信、电子邮件和情报资料等方面的信息服务。这种将电器、通信设备与安全防范设备各自独立的功能综合为一体的系统,被美国称为"smart home"。

智能家居的核心技术是家庭总线,故随后行业的研究工作主要围绕如何建立家庭总线技术标准进行。1984 年,美国电子工业协会开始制定家庭总线 CEBUS,该协议支持低压电力线路导线、双绞线、同轴电缆、射频、红外线等多种通信介质,最终于 1992 年 9 月发布。1997 年,日本成立 ECHONET (Energy Conservation and Homecare Network)协会,主要目标是开发标准化的家庭网络标准规格,并将其应用在家庭能源管理、居家医疗保健等服务上。

随着家庭总线技术研究的不断深入,智能家居的新功能设计、新型终端设备的开发工作也逐步展开。与此同时,推动该类技术的组织和联盟也不断出现。1999 年 3 月,微软在全球范围内力推"维纳斯计划",向信息家电领域挺进。基于 Windows CE 的信息家电产品,拟把网络接入电视,从而让中国庞大的电视家庭切换到网络和数字时代。虽然这一计划失败了,却加速了中国的智能家居的发展。2003 年 6 月,数字生活联盟(DLNA)成立,旨在解决个人 PC、消费电器、移动设备的无线网络和有线网络的互联互通,使得数字媒体和服务内容的共享成为可能。

2004 年 7 月,"家庭网络平台标准工作组"的部分骨干成员海尔、清华同方、中国网通等单位共同成立了"中国家庭网络标准产业联盟"——ITopHome(简称 e 家佳):以家庭网络系统为中心,以完善的产业链形式搭建起家庭网络系统平台。2005 年 6 月,联想、TCL 等企业成立闪联。

2006 年,ZigBee 联盟推出比较完善、稳定的 ZigBee 方案。ZigBee 联盟包括传统的控制系统生产商(如霍尼韦尔国际、美国约翰逊控制公司和西门子股份公司)、新的控制系统公司(Control4 Corp.)、针对特定行业的公司(丹麦的暖通空调制造商 Danfoss Group Global 和瑞典的锁具生产商亚萨合莱)、专门从事 ZigBee 的新兴公司及半导体公司(飞思卡尔半导体、意法半导体和德州仪器),应用 ZigBee 技术的产品也陆续推向市场。

2007 年 6 月,iPhone 2G 在美国上市。随后,在智能家居市场,苹果利用"硬件＋系统＋软件商店＋Apple ID"的模式,先后推出 iPad、iTV 产品。2009 年 4 月,谷歌正式推出了 Android 1.5 手机;随后,推出了谷歌 TV;2011 年 5 月,谷歌又发布了 Android@Home,用 Android 控制家电。苹果公司和谷歌公司对智能家居市场的战略调整,让传统"电视与电脑"的家庭控制中心之争又多了两个强有力的产品——智能手机和平板电脑,而以手机和平板电脑作为家庭移动控制终端更符合人们的习惯。

2009 年 9 月,温家宝在无锡发出了"感知中国"的号召,物联网技术迅速在国内掀起了研究、应用高潮,智能家居是物联网技术的重点应用领域。2012 年 3 月,中国智能家居联盟成立,该联盟由长虹、海尔、鸿雁、瑞德、冠林、松下、北京市标准研究所(中关村标准创新服务中心)、华南家电研究院、广东数字家庭产业基地等单位和机构联合发起,得到了住建部、工信部、国家质量监督总局和相关科研院所、产业基地领导的支持。

1.1.2 国外的发展现状

美国康涅狄格州建成的世界上第一幢智能建筑,采用计算机系统对大楼的空调、电梯、照明等设备进行监控,并提供语音通信、电子邮件、情报资料等方面的信息服务。2000 年,新加坡有近 30 个社区的约 5000 户家庭采用了这种家庭智能化系统,美国的安装住户高达 4 万户。国外的智能家居系统技术已日趋成熟,目前市场上出现的智能家居控制系统主要有以下几种。

(1) X-10 系统(美国)。该系统以电力线作为网络平台,采用集中控制方式实现功能。该系统的功能较为强大,与其他家居控制系统(如 ABB、C-Bus 等)比起来其信号更容易接收,使用也相对简单些。由于实现同样的功能,X-10 系统是利用 220 V 电力线将发射器发出的 X-10 信号传送给接收器从而实现智能化的控制,因此采用这套系统不需要额外布线,这也是这套系统最大的优势,因为其他系统基本上都需要布低压线,在墙上或地面开槽、钻孔,施工难度大、费用高、工期长。但由于缺乏在国内市场推广的条件且价格昂贵,该系统在国内应用极少。

(2) KNX 系统(比利时)。KNX 协议是家居和楼宇控制领域的开放式国际标准,该协议以 EIB 为基础,兼顾了 BatiBus 和 EHSA 的物理层规范,并吸收了 BatiBus 和 EHSA 中配置模式等的优点,提供了家居和楼宇自动化的完全解决方案。

(3) 8X 系统(新加坡)。该系统采用预处理总线和集中控制方式来实现功能。它的优点在于利用产品对系统进行扩展,系统较为成熟。但是由于系统架构、灵活性及产品价格等方面还难以达到要求,所以目前在国内还较少应用。

1.1.3 国内的发展现状

20 世纪 90 年代后期,我国的智能小区日益兴起。随着信息化走进千家万户,国家经贸委牵头成立了家庭信息网络技术委员会,信息网络技术体系的研究及产品开发被列为国家技术创新的重点专项计划。

我国的智能家居相对于国外起步较晚,目前市场上提供智能家居的代表厂商有以下几类。

一类是传统的楼宇对讲厂商,主要有视声、安居宝、视得安、振威等,这类厂商主要是提供一个智能化的综合控制平台,在此平台上整合安防报警、家电控制等众多子系统。

一类是家电厂商,如海尔、TCL、美的等等,这类厂商主要以提供信息化网络化的家电为主。

还有一类是专注于灯光控制、窗帘控制等模块和接口的生产厂商,代表厂家有索博、新和创、奇胜等,主要是配合前两类厂商,提供各类智能开关和接口模块。

国内各大软、硬件机构正在积极地研制、开发更为符合市场的智能化家居设备,以解决当前智能化产品实用性差、使用复杂及产品价格昂贵等问题,而技术创新性也逐步向国际先进水平靠拢,这样的未来值得期待。

1.2　智能家居的定义、组成、特点

1.2.1　智能家居的定义

智能家居是指将家庭中各种与信息相关的通信设备、家用电器和家庭安防装置，通过家庭总线技术（HBS）连接到一个家庭智能系统上，进行集中或异地监视、控制和家庭事务性管理，并保持这些家庭设施与住宅环境的协调。

与智能家居的含义近似的还有家庭自动化（home automation）、数字家庭（digital family）、家庭网络（home net/networks for home）、网络家电（network appliance）等概念。这些概念既相互关联，所包含的内容又有所不同，比较容易混淆。

（1）家庭自动化是指利用微处理电子技术，来集成或控制家中的电子电器产品或系统，如照明灯、咖啡炉、电脑设备、保安系统、暖气及冷气系统、视讯及音响系统等。家庭自动化系统主要是以一个中央微处理机（central processor unit，CPU）接收来自相关电子电器产品（外界环境因素的变化，如太阳初升或西落等所造成的光线变化等）的讯息后，再以既定的程序发送适当的信息给其他电子电器产品。中央微处理机必须透过许多界面来控制家中的电子电器产品，这些界面可以是键盘，也可以是触摸式荧幕、按钮、电脑、电话机、遥控器等；用户可发送信号至中央微处理机，或接收来自中央微处理机的信号。

家庭自动化系统是智能家居的一个重要系统。在智能家居刚出现时，家庭自动化甚至就等同于智能家居，今天它仍是智能家居的核心之一。但随着智能家居的普遍应用，网络家电、信息家电的成熟，家庭自动化的许多产品功能将融入这些新产品，从而使单纯的家庭自动化产品在系统设计中越来越少，家庭自动化系统的核心地位也将被家庭网络/家庭信息系统所代替，最终将作为家庭网络中的控制网络部分在智能家居中发挥作用。

（2）数字家庭是指以计算机技术和网络技术为基础，各种家电通过不同的互联方式进行通信及数据交换，实现家用电器之间的"互联互通"，使人们足不出户就可以方便、快捷地获取信息，从而极大地提高人类居住的舒适性和娱乐性。数字家庭包括四大功能：信息、通信、娱乐和生活等机能。交互式网络电视（IPTV）、有线数字电视、机顶盒、电脑娱乐中心、网络电话、网络家电、信息家电及家庭自动化等，都是数字家庭的体现。

（3）家庭网络是集家庭控制网络和多媒体信息网络于一体的家庭信息化平台，能在家庭范围内实现信息设备、通信设备、娱乐设备、家用电器、自动化设备、照明设备、保安（监控）装置及水电气热表设备、家庭求助报警设备等的互联和管理，以及数据和多媒体信息的共享。家庭网络系统构成了智能化家庭设备系统，提高了家庭生活、学习、工作、娱乐的品质，是数字化家庭的发展方向。

（4）网络家电是一种具有信息互联、互通或互操作特征的家电终端产品。现阶段，网络家电的主要实现方法是利用数字技术、网络技术及智能控制技术设计、改进普通家用电器。目前，在销售的网络家电主要以海尔公司的 U-home 系列产品为主，包括网络电视、网络冰箱、网络空调、网络洗衣机、网络热水器、网络微波炉等。

智能家居、家庭自动化、数字家庭、家庭网络、网络家电之间的关系如图 1.1 所示。家庭网络是保证家庭设备互联的必要条件之一。网络家电是使用家庭网络进行通信的终端设备。家

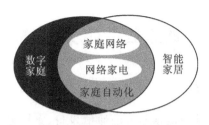

图 1.1　智能家居、家庭自动化、数字家庭、家庭网络、网络家电之间的关系

庭自动化是在二者基础上的集成应用,是智能家居的重要组成部分。数字家庭和智能家居部分概念有些重叠,但二者偏重点不同:数字家庭偏重于应用信息领域的技术,搭建有利于人们生活的设备,以此影响人们的生活方式;智能家居则偏重于从生活居住的需求出发,系统的设计、集成、运用现有技术构建满足人们需求的系统。

1.2.2　智能家居的组成

智能家居系统依据设备的作用可以分为:家庭网络、家庭网关和家庭终端设备。家庭网络为家庭信息提供必要的通路,在家庭网络操作系统的控制下,通过相应的硬件和执行机构,实现对所有家庭网络上的家电和设备的控制和监测。家庭网关作为家庭网络的业务平台,构成与外界的通信通道,以实现与家庭以外的世界沟通信息,满足远程控制、监测和交换信息的需求。家庭终端设备是智能家居的执行和传感设备。智能家居系统的典型结构如图 1.2 所示。

1. 家庭网络

家庭网络采用分层次的网络拓扑结构,分为两个网段:家庭主网和家庭子网。其中,家庭主网通过家庭网络内部互联主网关与外部网络相连接,家庭子网通过家庭网络内部互联子网关与家庭主网相连接。家庭主网中的设备可以互相通信,并通过家庭网络内部互联主网关访问外部网络。家庭子网中的设备通过家庭网络内部互联子网关、家庭网络内部互联主网关与外部网络通信。

从功能上来说,家庭网络可以是多媒体与数据网络,也可以是其他网络,还可以是两种或两种以上网络的混合体。

家庭网络的体系结构和参考模型如图 1.3 所示。

1) 家庭主网

家庭主网主要用来连接家庭网络内部互联网关、控制终端和终端设备。家庭主网在物理实现上可以是多媒体与数据网络,也可以是控制网络。当家庭网络内部仅有一个网络时,该网络便是逻辑上的主网。家庭网络内部互联主网关可以与外部网络相连接,为家庭子网及家庭主网内的设备提供外部网络的接口,并实现家庭主网的配置和管理功能。家庭主网在组网形态上支持有线或无线等多种方式。

2) 家庭子网

家庭子网是家庭网络中的一个可选网段,是对家庭网络从逻辑层次上进行的划分,从功能上划分包含但不限于控制网络和多媒体与数据网络等。家庭网络内部互联子网关是家庭子网中的一种设备,它既支持家庭子网通信协议,又支持家庭主网通信协议,在物理实现上也可以与家庭网络内部互联主网关成为一体化的设备。它与家庭子网中的设备互联,实现对家庭子网的配置和管理,同时为家庭子网内的各种设备提供与家庭主网的接口。家庭子网在组网形态上支

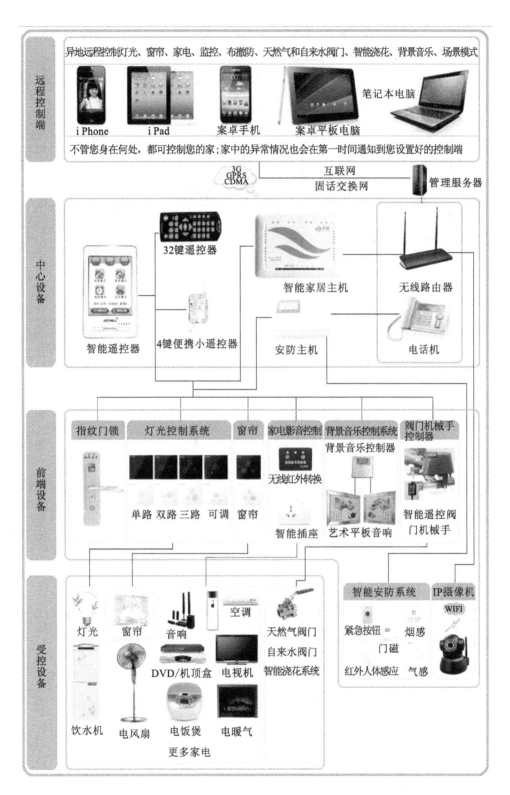

图 1.2　智能家居系统的典型结构

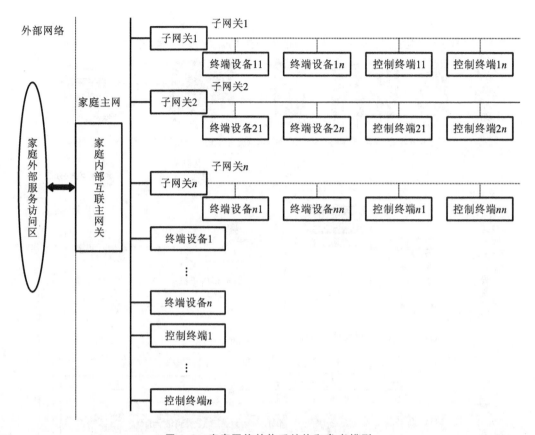

图 1.3　家庭网络的体系结构和参考模型

持有线或无线等多种方式。

2. 家庭网络和其他网络之间的连接

1）家庭网络和其他网络之间的连接模型

家庭网络和其他网络之间的连接通过家庭网络内部互联主网关来实现。家庭网络和其他网络之间的连接示意图如图 1.4 所示。

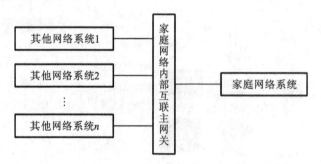

图 1.4　家庭网络和其他网络之间的连接示意图

2）家庭网络内部互联网关设备

家庭网络内部互联网关从逻辑上分为家庭网络内部互联主网关和家庭网络内部互联子网关。

家庭网络内部互联主网关的作用是连接家庭内部的主网中的设备形成家庭主网,实现对家庭主网的配置和管理。家庭网络内部互联主网关还可以连接家庭内部网络和家庭外部网络。

家庭网络内部互联主网关是家庭网络内外交互的桥梁和家庭主网管理的核心。

家庭网络内部互联子网关是家庭子网中的一种设备,既支持家庭子网通信协议,又支持家庭主网通信协议。它与家庭子网中的设备互联,实现对家庭子网的配置和管理,同时为家庭子网内的各种设备提供与家庭主网的接口,还可以使各子网设备通过家庭网络内部互联主网关与外部网络进行通信。

从实际产品的具体形态来说,家庭网络内部互联主网关与家庭网络内部互联子网关在物理上可能是分离的,也可能是集成在一起的。对于家庭网络内部互联主网关与家庭网络内部互联子网关集成在一起的设备,要求同时提供家庭主网和家庭子网的管理功能要求;对于分离型的设备,只需要满足相应部分的要求。

3) 终端设备

终端设备是指能够被家庭网络内部互联网关或控制终端控制、管理的家庭网络设备,如信息设备、通信设备、娱乐设备、家用电器、自动化设备、照明设备、保安(监控)装置、家庭求助报警设备、健康保健设备等。

(1) 控制终端。

控制终端是一种能够生成或者获得家庭网络中的设备注册表,并可通过友好的人机交互界面,在家庭网络的范围内,实现家庭网络设备的注册、控制、管理、设备间资源共享等功能的家庭网络设备。

控制终端可以直接与所在主网或子网的终端设备交互,或者通过所在主网或子网的家庭网络内部互联网关与所在主网或子网的终端设备交互。控制终端应通过控制终端所在主网或子网的家庭网络内部互联网关与其他子网的终端设备交互。

控制终端可以对家庭网络中的相关终端设备进行控制和管理,如对电视、洗衣机、温度传感器、闹钟、电话等电器设备进行控制和管理。

(2) 网络家电。

网络家电的一般模型主要包括人机交互模块、控制模块、执行模块和通信模块。网络家电的一般模型如图 1.5 所示。

通信模块提供网络家电与家庭网络之间的通信服务。控制模块实现网络家电的各种控制功能。执行模块执行控制模块发出的命令,实现网络家电的各种基本功能,如加热、洗衣等。人机交互模块实现使用者与网络家电之间所有的交互功能。可以通过传统的按键、屏幕、语音等方式进行人机交互,还可以通过网络进行本地或远程的人机交互,如计算机、电话、PDA 等均可以实现网络家电的人机交互。

网络家电具有从网络中"离开"的能力,能够将网络家电设备从网络中断开,清除掉相应的网络信息,在网络家电设备上有断开网络的指示。退出网络的方式有自动断开和人工断开两种。

自动断开:已加入到网络中的网络家电在规定时间内与该网络无法正常通信联系,将会自动清除掉该网络家电的网络信息。

人工断开:已加入到网络中的网络家电在人工的干预下发出断开申请,完成断开家庭网络的过程,清除掉相应的网络信息。

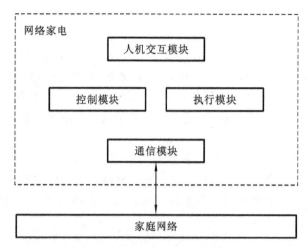

图 1.5 网络家电的一般模型

网络家电在断电或其他原因引起的与家庭网络断开等问题后,要有能够重新恢复与家庭网络连接的能力。

网络家电具有判断与家庭网络连接的网络通信状态的能力,即判断该网络家电是处于正常的网络通信状态还是处于异常的网络通信状态。当网络家电设备与家庭网络连接出现异常状态时,网络家电设备上有相应的网络指示。

①网络家电的通信控制功能。

网络家电应具有与家庭网络中其他网络家电设备建立会话的能力,在系统正常情况下至少能保持基本会话。网络家电能够通过网络接收来自其他网络家电的输入信息或者通过网络将自身的信息传送出去。

②控制。

控制终端支持对网络家电的控制,通过设备注册表和设备描述文件的解析,获得网络家电的控制指令,通过家庭网络,按照通信协议的格式发送给终端设备,从而实现对已经添加且在线的所有网络家电的控制和操作。

当对网络家电进行控制时,如果网络家电在接收后判断格式错误或者控制终端在规定的时间内没有收到网络家电发送的确认信息,则按照通信协议重新发送命令。

③网络家电状态。

控制终端支持对网络家电的状态查询,可以通过以下两种方式进行。

a. 控制终端通过设备注册表和设备描述文件的解析,获得网络家电的查询指令,通过家庭网络,按照通信协议的格式发送给网络家电,网络家电将当前的状态反馈给控制终端,控制终端更新该网络家电的状态信息。

b. 网络家电状态发生变化后,主动通过家庭网络向控制终端进行汇报,使控制终端获得最新的网络家电状态信息。

④故障反馈。

控制终端支持网络家电的故障反馈,可以通过以下两种方式进行。

a.控制终端支持接收网络家电自动发回的故障信息,将故障信息解析后,根据用户设置,以多种不同的报警方式发送信息,包括发送故障邮件、电话通知等方式。

b.控制终端定期轮询网络家电,检测到相关的故障信息后,根据用户设置,以多种不同的报警方式发送信息,包括发送故障邮件、电话通知等方式。

⑤联动。

不同网络家电之间可以支持建立联动,当某一个或几个网络家电达到控制参数的设置限值时,将会触发其他网络家电的某项控制操作。例如,当环境温度传感器查询到当前温度为 30 ℃时,控制终端会自动打开空调电源进行制冷操作。

⑥网络访问级别。

a. 网络家电可以不支持家庭网络访问,只支持用户的本地操作。

b. 网络家电可以支持家庭网络的访问,并支持用户的本地操作,但不支持家庭外部网络的远程访问。

c. 网络家电可以支持家庭网络的访问,并支持用户的本地操作,同时支持家庭外部网络的远程访问。

d. 网络家电根据不同的网络访问级别可以提供不同的网络服务。

1.2.3 智能家居的特点

由于新技术不断应用于智能家居领域,同时智能家居覆盖的产品门类比较多,因此关于智能家居的定义也存在比较多的争议,可谓"仁者见仁,智者见智"。但是无论是哪种定义,智能家居都具有以下特征。

1. 以家庭网络为基础

无论是 20 世纪 60 年代西屋电气公司的工程师吉姆·萨瑟兰的家庭自动化系统,还是后来的 X10、CEBus,以及发展到现在的 ZigBee、Wi-Fi 等,智能家居都是以家庭网络为基础的,借助家庭网络电气设备实现信息互联。家庭网络从形式上来看有许多种通信介质,如电力线载波、电话线、RS485/双绞线、红外线、以太网、无线射频等。家庭网络在施工中又在家庭综合布线、家庭宽带安装、数字电视等方面有所体现。

2. 以设备互操作为条件

智能家居系统是将家庭中各种与信息相关的通信设备、家用电器和家庭保安装置,通过家庭网络实现集中的或异地的监视、控制和家庭事务性管理,并保持这些家庭设施与住宅环境协调工作的系统。接入家庭网络的一般设备如果仅是信息的连通则不能完成相应功能,必须让控制终端设备能够相互识别、操作。只有这样,才能真正实现智能家居的预期功能。

目前,大多数设备生产厂商还是封闭的,是无法实现不同设备间的互操作的,而一般人员对互操作了解较少,认为选择相同的家庭网络(如 ZigBee)就可以实现互操作。家庭网络只能保证信息的连通,互操作则需要不同的设备厂商对控制指令达成一致,遵守一定的标准。目前不是缺少标准,而是标准太多,标准所提供的方案也比较粗糙,让厂商遵从起来有一定的技术难度。

3. 以提升家居的生活质量为目的

进入 21 世纪,各种新技术大量涌现,在智能家居领域出现了诸多新产品。但是,智能家居发展至今之所以尚未普及,就是因为前期行业过多地注重技术本身,而忽略了新技术提升智能家居的目的——提升家居的生活质量。消费者追求的不是技术,而是一种生活品质的提升。智能家居主要提供家居安全性、便利性、舒适性,并实现环保节能的居住环境。表 1.1 列出了智能家居的典型应用。

表 1.1　智能家居的典型应用

特　　性	典　型　应　用
安全性	智能安防可以实时监控非法闯入、火灾、煤气泄露等,一旦出现警情,系统会自动向中心发出报警信息,同时启动相关电器进入应急联动状态,从而实现主动防范
便利性	家电的智能控制和远程控制:如对灯光照明的场景设置和远程控制、电器的自动控制和远程控制等 交互式智能控制:可以通过语音识别技术实现智能家电的声控功能,通过各种主动式传感器(如温度传感器、声音传感器、动作传感器等)实现智能家居的主动性动作响应 家庭信息服务:管理家庭信息及与小区物业管理公司联系 自动维护功能:智能信息家电可以通过服务器直接从制造商的服务网站上自动下载、更新驱动程序和诊断程序,实现智能化的故障自诊断、新功能自扩展 家庭理财服务:通过网络完成理财和消费服务 始终在线的网络服务,与互联网随时相连,为在家办公提供了方便条件 远程保健(医疗),使人们生活得更为健康
舒适性	环境自动控制:如家庭中央空调系统 现代化的厨卫环境:主要指整体厨房和整体卫浴 提供全方位家庭娱乐:如家庭影院系统和家庭中央背景音乐系统

1.3　智能家居的发展趋势

1.3.1　国内外发展趋势

随着科技的发展和人们生活水平的不断提高,智能产品、智能系统将会越来越多地应用到日常生活当中,创新性地开发和制造能够真正为人们生活服务的实用的智能控制系统产品将是整个智能行业的终极目标。同时,在未来,整个行业将有如下发展趋势:更多传感器、执行器的应用,云数据存储;更具人性化的设计;智能的检测和警示系统;高效的安全防范;远程控制和监视;网络一体化;语音识别和对话;多系统的共享与融合;健康、节能和环保等。

经过 2015 年的哥本哈根会议,我国更加明确了节能减排、绿色建筑的目标,这就使住宅智能化凸显出了其合理规划、最大限度地节约能源的优势。如果我国大力推广绿色建筑,则仅在铺设智能化系统所需的新设备的生产上就有 2000 亿到 3000 亿人民币的新市场,而中国"智能家居"必定会在"智能化住宅"的框架下形成一个新型的产业,这一切必将对未来几十年我国房地产的健康有效发展有深远的影响。

由于智能家居系统还缺乏统一明确的国际标准,许多公司开发出的产品都是基于自己组建的网络和信息交换协议,很多产品是针对特定组网环境开发的,部分核心协议没有对外公布,技术复杂,直接导致了使用范围的局限性。再者,缺乏对应的第三方产品,各个设备之间不能兼容,互操作性差,不利于产品的扩充,从而进一步限制了产品的发展。此外,有的系统成本过高,严重影响了产品的普及。因此,设计一个符合国情和规范的集远程控制和本地控制为一体的智能家居控制系统是非常有现实意义且势在必行的。

作为智能家居的核心系统的智能家居控制系统,它的设计功能的完善必将推动住宅智能化的发展,而系统功能的集成化、用户使用的简易化和市场价格的平民化是智能家居的发展趋势,最终目的是让用户真正地享受温馨舒适的家庭生活。

1.3.2　整个行业的发展趋势

智能家居的发展分为三个阶段。

首先是家庭电子化阶段,这个时期主要是面向单个的电器,家庭电器之间并没有形成网络,亦没有大的联系。

其次是住宅自动化阶段,这个时期是面向功能的阶段,一部分的家庭电器之间形成了简单的网络,主要是为了实现某个特定单一的功能,如单一的自动抄表功能。

最后是家居智能化阶段,这个时期是面向系统设计的阶段,系统通过家庭分布总线把住宅内各种与信息相关的通信设备、家用电器、报警装置并到网络节点中进行集中的监控、管理,保持家电与环境的协调,提供生活、工作、学习及娱乐的各种优质服务,营造一种温馨舒适的家庭氛围。

智能家居控制系统提供高效、舒适的家居环境,确保住户的生命财产安全;集中或远程调节家居环境的温度、湿度等,同时检查空气成分,提高空气质量;调节音响、电视等娱乐设施,愉悦心情;合理利用太阳能和周遭环境的变化,尽可能地降低能耗,达到合理利用资源的目的;提供现代化的通信、信息服务。

整个行业的发展趋势如下。

1. 更多传感器、执行器的应用,云数据存储

1) 传感器

气象传感器、室内通风传感器、温度传感器、湿度传感器、光照度传感器、雨水传感器、风速传感器、热度传感器、浸水传感器、压力传感器、位置传感器、速度传感器等,每一个传感器的数据都保存在云服务器上,可随时调取一年、一月、一周、一天 24 小时的温度、湿度等数据。

2) 执行器

卷帘/百叶窗控制器、灯光控制/调节器、阀门、电子/指纹锁及各类专业应用的机械手,每一个设备的动作都可选择保存在云服务器,如开锁动作的保存。

2. 更具人性化的设计

1) 人文关怀的体现

通过芯片或身份识别系统识别不同的人,然后环境(如温度、湿度、灯光、音乐等)均随之变化,宾至如归。

2) 环境的人性化调节和管理

主人回家时,浴缸已经自动放水调温,做好了一切准备。传感器检测和跟踪到人的足迹后自动打开照明系统,在人离去后自动关闭照明系统。

3. 智能的检测和警示系统

(1) 检测和警示来访人员携带的危险物品。

(2) 检测和警示家庭设施的故障和非正常状态。

(3) 检测和警示外界环境的突然变化。

(4) 通过记录和比较,检测和警示主人身体健康的变化。

(5) 对危险动作给予友好提醒。

4．高效的安全防范

（1）房屋的安全可以得到足够的保证。当主人需要时，只要按下"休息"或"布防"开关，防盗报警系统便开始工作。

（2）当发生火灾等意外时，消防系统可自动报警，显示最佳营救方案，关闭有危险的电力系统，并根据火势分配供水。

（3）当有外人入侵时，报警系统会自动启动，并按照预先设定的程序执行，如联动110、通知物业等。

5．远程控制和监视

1）远程控制

任何时候，主人都可直接通过浏览器、PDA或者手机远程控制家里的一切，而且均有状态和执行情况的实时反馈。

2）监视

通过手机视频、彩信或者浏览器实时或间隙地监视和查看家里的状况。

6．网络一体化

只要可以通信，就可以控制。

未来的家居中，网络不仅包括以太网、Wi-Fi、GSM、GPRS、3G、CDMA，还包括各类家居总线（如EIB）等，众多的网络子系统，都将组成一体化格局。

7．语音识别和对话

（1）通过语音对来访人员和主人进行身份识别。

（2）识别和执行来自主人的语音命令。

（3）将语音识别应用到门禁系统和安防系统中。

（4）根据预先的设定，系统会将各种有必要的提示、警示信息以语音方式提醒主人并等待主人的回复和动作。

（5）在更多的家居环节中应用语音技术。

8．多系统的共享与融合

网络系统、多媒体系统、空调系统、通信系统、电力系统、管理系统、安防系统、门禁系统、网络家电等的互联、共享、协作、融合。

9．健康、节能和环保

（1）家居设备和环境的安全问题，如辐射、化工、放射性等指数是否达标，是否带来新的健康问题。

（2）各个系统的运行状态是否节能，是否能够自动根据不同的天气和环境变化，让使用效率最优化。

（3）使用过的设备是否对环境不利，是否能有效地降解，是否符合可持续发展战略的国情等。

1.4　扩展阅读——智能生活

Arduino的硬件原理图、电路图、IDE软件及核心库文件都是开源的，在开源协议范围内，何为智能生活？

顾名思义,智能生活是基于互联网平台打造的一种全新智能化生活方式。其依托云计算技术,以分发云服务为基础,在融合家庭场景功能、挖掘增值服务的指导思想下,采用主流的互联网通信渠道,配合丰富的智能家居终端,构建享受智能家居控制系统带来的新的生活方式,多方位、多角度地呈现家庭生活中的更舒适、更方便、更安全和更健康的具体场景,进而共同打造出具备共同智能生活理念的智能社区。

简而言之,智能生活可以带来这样的生活场景:在回家的路上点一点手机,回家就可以喝上现磨的咖啡、洗上热水澡,家中的温度也根据个人喜好调节好了,连你心爱的宠物也早已喂饱,你只要走进家门享受就好了。但这也只是智能生活的冰山一角,人们对智能生活的看法各不相同,但是人们对智能生活的期待却是相同的:更舒适、更方便、更安全和更健康。

未来智能生活大致可以分为八个具体场景:家庭娱乐、亲情关爱、家庭服务、宠物照看、家居环境、身体健康、家庭安全、能源管理。

1. 家庭娱乐

科技的进步促使人们的生活节奏日益加快。在如此快节奏的生活下,人们的身体和精神极易疲劳,尤其是精神上,当社会给予的约束难以释放时,大多数人会选择虚拟世界,通过游戏释压。在游戏中,你可以是"一人之下万人之上"的治世能臣,也可以是"统领千军万马"的上将元帅,但由于技术条件的限制,人们只能通过输入设备来传达我们的指令,并不能真正的身临其境。随着虚拟现实等技术的发展,人们可以直接通过身体语言来进行游戏,如挥手、跑、跳等。试想,通过虚拟现实技术体验雄鹰翱翔于天际的独特视角,或是置身于球场和 NBA 明星打一场篮球赛,抑或是足不出户体验异域风情。种种这般立体、独特的视角,很难让你再回到平面的游戏中,游戏的方式也从动手、动脑,转变到了全身的感官。

2. 亲情关爱

生活节奏的加快,导致年轻人疲于工作,忽略了身边的家庭,甚至是不远千里背井离乡,越来越多的老年人处于"空巢"或"独居"状态,需要有人照料。《常回家看看》《时间都去哪了》也唱出了社会百态,透露了太多的落寞与无奈。然而,随着视频通话等技术的发展,这一状况得到了改善,通过电话,父母不仅可以听到我们的声音,还看得到我们。纵是一言不发,默默通过视频看着我们工作,父母也会得到满足。在他们眼中,我们好像又变成了还在上学的孩子,只是在卧室做作业,距离只是从客厅到卧室,而不是相隔千里。也许未来透过可穿戴设备,父母还可以在你千里之外的家里走走,给你烧烧水、喊你穿秋裤,甚至摸摸你也未尝不可;你也可以随时了解父母的身体状况,提醒他们按时吃药,注意身体。

3. 家庭服务

电影《I,Robot》中所展现的未来家庭场景,相信大家还记忆犹新,里面各种各样的机器人为人类提供了全方位服务。随着家用机器人技术的发展,这将不再只是电影,其实现在已经有扫地机器人、电子宠物、刀削面机器人,就连工厂也开始大批使用机器人,机器人已变得越来越智能,越来越灵活。未来你也可以过上那种衣来伸手、饭来张口的帝王生活。试想一下未来拥有机器人的生活吧,当你回家时,有女仆机器人帮你脱下外套、换好拖鞋,有厨师机器人为你做好可口的饭菜,娱乐机器人会陪你打游戏,清洁机器人会帮你打扫卫生,等等。这种如帝王般的生活,想想还有点小激动呢!

4. 宠物照看

孤独、寂寞也许是现代社会部分人群的代名词,宠物已不再是消遣之物了,它们更多地扮演了家人的角色,同时也需要我们的关爱。很多时候,我们无法直观地感受它们的喜怒哀乐,但随着智能项圈等智能设备的出现,根据这些智能设备反馈的数据,我们能直接知道宠物的身体健康情况及它们的情绪变化,再也不怕因为言语不通而忽略了它们的心情,就算是碰见"二哈"(哈士奇)这种表情帝也能得心应手。其实不单是读懂表情这一点,通过智能生活产品,也许能够量化宠物的饮食,合理安排宠物的饮食,甚至检测其健康状况;或许你还能够通过视频跟你的宠物打个招呼。

5. 家居环境

雾霾已成为中国最广泛关注的大事件,尤其是在北京,你不能总期盼"APEC 蓝"。虽然我们一时难以改变大环境,但是对自己的家,我们是拥有完全控制权的,透过智能生活产品我们可以改善自己的"一亩三分地"。糟糕的环境严重地影响着我们的身体健康,长时间暴露在有污染的室内环境中,对我们的身体有百害而无一利,而虽我们不能通过肉眼感知,却可以依靠智能设备监测室内环境,锁定污染物的来源,有效地改善空气质量。对湿度、温度、二氧化碳、氧气浓度的智能调节,可以让我们一直处在最适宜的家居环境中。

6. 身体健康

可穿戴设备(见图 1.6)可以说是智能生活的前哨产品,大多设备都瞄准了个人健康管理,从简单的计步,到紫外线检测、心率检测;而越来越多的设备也开始向医疗领域发力,如智能血压仪、智能体重仪等。未来就医看病,也许可以不用"望、闻、问、切",透过时时的健康数据查询,就可以诊断出病因,甚至提早警示身体出现异常,如果医院和家庭实现网络对接,在你回家时,就可收到医师开具的处方快递(药片)。当科技足够发达时,未来的智能生活便可提供在家看病就医,而无须专门去医院;更可极大地提高疾病的治疗效率,保障我们的健康。

图 1.6 可穿戴设备

7. 家庭安全

当你决心来一次说走就走的旅行时,你总会对空无一人的家放心不下。智能设备或许可以解决这一问题,它能为你提供基本的防盗措施或是预警措施,让你出门在外也能时时掌控家庭状况,通过一系列的探测传感器,在出现问题(如盗窃)时可以第一时间得到消息,通过家庭与警方的连接第一时间报警,警方可通过互联网调取远程监控录像,让盗贼无所遁形。完善的家庭安全系统还可以借助你随身携带的设备,提示你外出未锁门或是燃气阀门没有关闭,你亦可远程锁门或是关闭燃气阀门,一切都尽在掌控。

8. 能源管理

以上描述的诸多场景都需要云端 24 小时保持在线,你会担心这样下来电费是否吃得消。作为智能生活,在能源控制方面不仅要做到智能,还要做到经济。智能家居系统能够根据情况自动切断待机电器的电源,既不打扰正常生活,又能做到节能。据统计,如果每个家庭都能及时关闭待机电器的电源,则会极大地降低能源损耗。借助能源管理技术,家中的智能空调、智能LED 灯等智能家居设备将能够统一协调工作。在我们离家时,家里的智能设备可以自动断电,甚至做到在我们从客厅进入卧室这短暂的时间内,客厅的智能设备自动关闭,卧室的灯自动打开。

第2章
智能技术基础

2.1　电　子　技　术

2.1.1　电工基础

在住宅建筑中,交流电被广泛地使用。其主要原因是与直流电相比,交流电在产生、输送和使用方面具有明显的优势和重大的经济意义。交流电的大小和方向都是随时间不断变化的,在交流电中应用最广泛的是正弦交流电。三相交流电系统是由三个频率相同、电势振幅相等、相位差互差 120°角的交流电路组成的电力系统。三相交流电如图 2.1 所示。

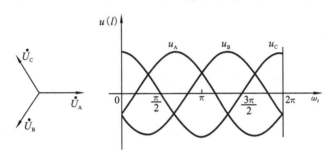

图 2.1　三相交流电

在低压配电网中,配电室变压器输出三根火线、一根中性线(接地则也称为零线)。由一条火线与一条零线组成的电路称为单相电路。由三条火线组成的电路称为三相电路。我国使用单相电和三相电,按照实际使用过程中布线的不同分为以下几种。

(1) 单相双线——1 根火线＋1 根零线。

(2) 单相三线——1 根火线＋1 根零线＋1 根地线。

(3) 三相四线——3 根相线＋1 根零线。

(4) 三相五线——3 根相线＋1 根零线＋1 根地线。

家庭的入户线路通常为单相三线。我国现行标准中依导线颜色标志电路时,一般应该是:相线,A 相黄色,B 相绿色,C 相红色;零线是淡蓝色;地线是黄绿相间。如果是三相插座,左边是零线,中间(上面)是地线,右边是火线,如图 2.2 所示。

目前传统的家庭照明布线大多数采用单火线开关,如图 2.3(a)所示。单火线开关只有一组触点,接在火线上,只接通或断开火线。智能控制面板一般需要采用零火线开关,如图 2.3(b)所示。零火线开关有两组触点,分别接零线和火线,火线和零线同时接通或切断。

2.1.2　开关电源

开关电源就是利用电子开关器件(如晶体管、场效应管、可控硅闸流管等),通过控制电路,使电子开关器件不停地接通和断开,让电子开关器件对输入电压进行脉冲调制,从而实现 DC/AC、DC/DC 电压变换,以及输出电压可调和自动稳压。

开关电源一般有三种工作模式:频率、脉冲宽度固定模式,频率固定、脉冲宽度可变模式,频率、脉冲宽度可变模式。第一种工作模式多用于 DC/AC 逆变电源,或 DC/DC 电压变换;后两种工作模式多用于开关稳压电源。另外,开关电源输出电压也有三种工作方式:直接输出电压

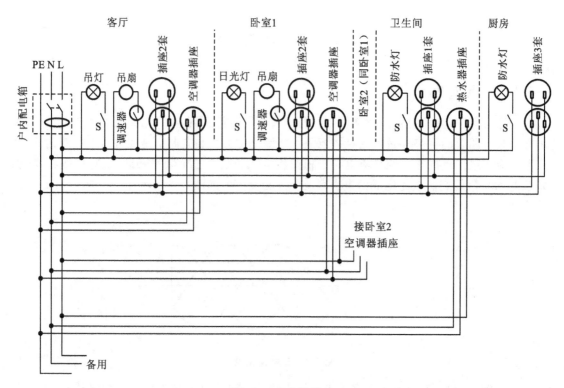

图 2.2　家庭用线路

图 2.3　开关

方式、平均值输出电压方式、幅值输出电压方式。同样,第一种工作方式多用于 DC/AC 逆变电源,或 DC/DC 电压变换;后两种工作方式多用于开关稳压电源。

根据开关器件在电路中连接的方式,目前比较广泛使用的开关电源大体上可分为:串联式开关电源、并联式开关电源、变压器式开关电源等三大类。其中,变压器式开关电源(后面简称变压器开关电源)还可以进一步分成推挽式、半桥式、全桥式等多种。根据变压器的激励和输出电压的相位,又可以分成正激式、反激式、单激式和双激式等多种。如果根据用途来分,则还可以分成更多种类。

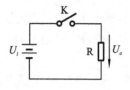

图 2.4　串联式开关电源的
　　　工作原理

下面对串联式、并联式、变压器式等三种最基本的开关电源的工作原理进行简单介绍。

1. 串联式开关电源的工作原理

图 2.4 所示是串联式开关电源的工作原理。U_i 是开关电源的工作电压(直流输入电压),K 是控制开关,R 是负载。当控制开关 K 接通的时候,开关电源就向负载 R 输出一个脉冲宽度为 T_{on}、

幅度为 U_i 的脉冲电压 U_p；当控制开关 K 断开的时候，又相当于开关电源向负载 R 输出一个脉冲宽度为 T_{off}、幅度为 0 的脉冲电压。这样，控制开关 K 不停地接通和断开，在负载两端就可以得到一个脉冲调制的输出电压 U_o。

串联式开关电源输出电压 U_o 的幅值 U_p 等于输入电压 U_i，其输出电压 U_o 的平均值 U_a 总是小于输入电压 U_i，因此，串联式开关电源一般都是以平均值 U_a 作为变量输出电压。所以，串联式开关电源属于降压型开关电源。

$$U_a = U_i \frac{I_{on}}{T} = D \times U_i$$

串联式开关电源也被称为斩波器，由于它工作原理简单，工作效率很高，因此其在输出功率控制方面应用很广。例如，电动摩托车速度控制器及灯光亮度控制器等，都属于串联式开关电源的应用。串联式开关电源的缺点是输入与输出共用一个地，因此容易产生 EMI 干扰和导致底板带电，当输入电压为市电整流输出电压的时候，容易引起触电，危害人身安全。

2. 并联式开关电源的工作原理

图 2.5(a)所示是并联式开关电源的工作原理。图 2.5(b)所示是并联式开关电源输出电压的波形。其中，U_i 是开关电源的工作电压，L 是储能电感，K 是控制开关，R 是负载，U_o 是开关电源的输出电压，U_p 是开关电源输出的峰值电压，U_a 是开关电源输出的平均电压。

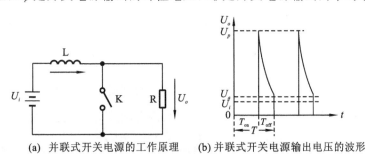

(a) 并联式开关电源的工作原理　　　(b) 并联式开关电源输出电压的波形

图 2.5　并联式开关电源

当控制开关 K 接通时，输入电源 U_i 开始对储能电感 L 加电，流过储能电感 L 的电流开始增加，同时电流在储能电感中也要产生磁场；当控制开关 K 由接通转为断开的时候，储能电感会产生反电动势，反电动势产生电流的方向与原来电流的方向相同，因此在负载上会产生很高的电压。

3. 变压器式开关电源的工作原理

变压器开关电源的最大优点是，变压器可以同时输出多组不同数值的电压，改变输出电压和输出电流很容易，只需改变变压器的匝数比和漆包线截面积的大小即可；另外，变压器初、次级互相隔离，不需要共用同一个地。因此，变压器开关电源也被称为离线式开关电源。这里的离线并不是指不需要输入电源，而是指输入电源与输出电源之间没有导线连接，完全通过磁场耦合传输能量。其最大的好处是：提高设备的绝缘强度，降低安全风险，同时还可以减轻 EMI 干扰，并且还容易进行功率匹配。

变压器开关电源有单激式变压器开关电源和双激式变压器开关电源之分。单激式变压器开关电源普遍应用于小功率电子设备之中，因此单激式变压器开关电源应用非常广泛；而双激式变压器开关电源一般用于功率较大的电子设备之中，并且电路一般也要复杂一些。

双激式变压器开关电源就是指在一个工作周期之内,变压器的初级线圈分别被直流电压正、反激励两次。与单激式变压器开关电源不同,双激式变压器开关电源一般在整个工作周期之内,都向负载提供功率输出。双激式变压器开关电源的输出功率一般都很大,因此双激式变压器开关电源在一些中、大型电子设备中应用很广泛。这种大功率双激式变压器开关电源的最大输出功率可以达 300 W 以上,甚至可以超过 1000 W。推挽式、半桥式、全桥式等变压器开关电源都属于双激式变压器开关电源。

2.1.3 继电控制

继电控制是指驱动电源的全部电压按照控制偏差值符号的正负,正向或反向地加到执行电动机上。为避免正、反向之间的持续振荡,在正向和反向之间常设置一个死区。继电控制中使用的元件并不限于电磁式继电器,也可用别的手段来实现继电特性。例如,在温度双位调节实验系统中,常采用双金属片作为敏感元件。温度变化时双金属片因两部分金属的膨胀系数不同而弯曲变形,接通或断开触点。液压阀和气动阀等也是具有继电特性的元件。继电控制系统的器件主要有继电器和晶闸管。

1. 继电器

在智能家居系统中,继电器是实现智能家居设备自动控制的重要器件。继电器是一种电控制器件,是当输入量(激励量)的变化达到规定要求时,在电气输出电路中使被控量发生预定的阶跃变化的一种电器,通常应用于自动化的控制电路中,它实际上是用小电流去控制大电流运作的一种“自动开关”。典型的继电器如图 2.6 所示。

图 2.6 典型的继电器

在智能家居设备中,继电器由单片机来实现控制。单片机的 IO 不能直接驱动继电器,需要有一个驱动电路。如图 2.7 所示,继电器由相应的 S8050 三极管来驱动,开机时,单片机引脚为高电平,+5 V 电源通过电阻使三极管导通,所以开机后,继电器始终处于吸合状态。如果我们在程序中给单片机引脚为低电平,相应三极管的基极就会被拉低到 0 左右,使相应的三极管截至,继电器就会断电释放。每个继电器都有一个常开转常闭的接点,便于在其他电路中使用,继电器线圈两端反相并联的二极管能起到吸收反向电动势的作用,从而保护相应的驱动三极管。

2. 晶闸管

晶闸管是一种四层结构(PNPN)的大功率半导体器件,它同时又被称为可控整流器或可控

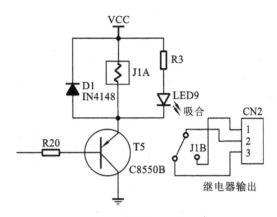

图 2.7　继电器驱动器

硅元件。它有三个引出电极,即阳极(A)、阴极(K)和门极(G);能承受的电压和电流容量高,工作可靠,已被广泛应用于智能家居调光设备。晶闸管的符号表示法和器件剖面图如图 2.8所示。

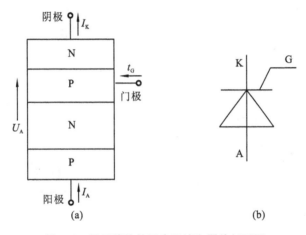

图 2.8　晶闸管的符号表示法和器件剖面图

晶闸管的伏安特性包括正向特性和反向特性两部分。

晶闸管的正向特性又有阻断状态和导通状态之分。在门极电流为 0 的情况下,逐渐增大晶闸管的正向阳极电压,这时晶闸管处于阻断状态,只有很小的正向漏电流;随着正向阳极电压的增加,当达到正向转折电压时,漏电流突然剧增,特性从正向阻断状态变为正向导通状态。正向导通状态时的晶闸管状态和二极管的正向特性相似,即流过较大的阳极电流,而晶闸管本身的压降很小。正常工作时,不允许把正向阳极电压加到转折值,而是从门极输入触发电流,使晶闸管导通。门极触发电流愈大,阳极电压转折点愈低。晶闸管正向导通后,要使晶闸管恢复阻断,只能逐步减少阳极电流,当阳极电流小到等于维持电流时,晶闸管由导通状态变为阻断状态。维持电流是维持晶闸管导通所需的最小电流。

晶闸管的反向特性是指晶闸管的反向阳极电压与阳极漏电流的伏安特性。晶闸管的反向特性与一般二极管的反向特性相似。当晶闸管承受反向阳极电压时,晶闸管总是处于阻断状态。当反向电压增加到一定数值时,反向漏电流增加较快。再继续增大反向阳极电压,会导致晶闸管反向击穿,损坏晶闸管。

在智能家居设备中,晶闸管经常用于照明系统的调光电路。调光电路分为主电路和触发电路两大部分。主电路是单相半波整流电路,触发电路是单结晶体管触发电路。触发电路送出的触发脉冲必须与晶闸管阳极电压同步,保证管子在阳极电压的每个正半周内以相同的控制角 α 触发,从而获得稳定的直流电压。比较实用的调光电路图如图 2.9 所示。

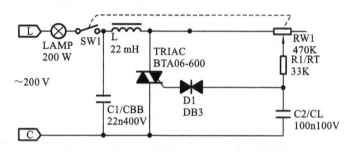

图 2.9　比较实用的调光电路图

电路中,电位器 RW1、电阻 R1、电容 C2 构成移相网络,通过双向触发二极管改变可控硅的导通角实现调压从而改变灯泡的亮度。电感 L 和电容 C1 构成滤波电路用来消除可控硅工作时产生的电磁干扰。虽然还是不能完全消除干扰,但大量的干扰波已被阻止反馈到电网中。

为了能够适应环境亮度的变化,智能家居中常应用具有稳光功能的调光电路,如图 2.10 所示。当环境亮度变化时,光敏电阻 CDS 的电阻值也会相应变化,此变化值将改变可控硅的导通角,使灯泡亮度向相反方向改变。RW2 可用来调节光敏电阻的灵敏度。

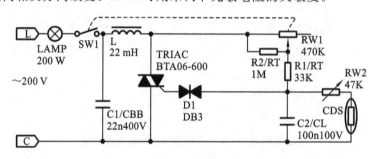

图 2.10　具有稳光功能的调光电路

2.2　计算机及网络通信

2.2.1　计算机基础

1. 计算机系统的组成

计算机系统由硬件系统和软件系统两大部分组成。计算机硬件是构成计算机系统各功能部件的集合,是由电子、机械和光电元件组成的各种计算机部件和设备的总称,是计算机完成各项工作的物质基础。计算机硬件是看得见、摸得着的实实在在存在的物理实体。计算机软件是指与计算机系统操作有关的各种程序及任何与之相关的文档和数据的集合。其中,程序是用程序设计语言描述的适合计算机执行的语句指令序列。

没有安装任何软件的计算机通常称为"裸机",裸机是无法工作的。如果计算机硬件脱离了计算机软件,那么计算机就成了一台无用的机器;如果计算机软件脱离了计算机硬件,那么计算机就失去了它运行的物质基础。所以说,计算机硬件和计算机软件相互依存,缺一不可,共同构成一个完整的计算机系统。

2. 计算机硬件系统的基本组成

现代计算机是一个自动化的信息处理装置,它之所以能实现自动化信息处理,是由于采用了"存储程序"工作原理。这一原理是 1946 年由冯·诺依曼和他的同事们在一篇题为"关于电子计算机逻辑设计的初步讨论"的论文中提出并论证的。这一原理确立了现代计算机的基本组成和工作方式。

(1)计算机硬件由五个基本部分组成:运算器、控制器、内存储器、输入设备和输出设备。

(2)计算机内部采用二进制来表示程序和数据。

(3)采用"存储程序"的方式,将程序和数据放入同一个存储器(内存储器)中,计算机能够自动高速地从存储器中取出指令并加以执行。

可以说计算机硬件的五大部件中,每一个部件都有相对独立的功能,分别完成各自不同的工作。五大部件实际上是在控制器的控制下协调统一工作的,如图 2.11 所示。

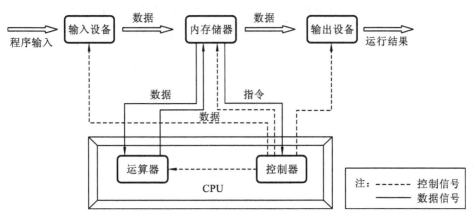

图 2.11　计算机的工作原理示意图

3. 计算机硬件系统的工作原理

1)计算机的工作流程

(1)操作员通过输入设备将数据和程序送入存储器。

(2)通过输入设备发出运行程序的命令。

(3)系统接收到运行程序命令后,控制器便从存储器中取出第一条程序指令进行分析,然后向受控对象发出控制信号,执行该指令。

(4)控制器再从存储器中取出下一条指令,进行分析,执行该指令,周而复始,重复取指令,分析指令,执行指令过程,直到程序中的全部指令执行完毕。

2)计算机的工作原理

(1)输入信息。

可以事先按照求解某个问题的步骤,用程序设计语言编写程序。将程序和有关数据通过输入设备(如键盘)送入计算机。程序是由字符和符号表示的,计算机不能识别,因此在输入过程中,键盘先将字符和符号转换为二进制编码的形式,再送入计算机存放。输入信息是通过输入设备来完成的。

（2）存储信息。

用高级语言或汇编语言编写的程序称为源程序,源程序和数据都存放在存储器中。源程序不能被计算机硬件直接执行,计算机硬件只能执行机器语言程序。所以操作系统调用语言处理程序,如编译程序、连接程序,将源程序转换为可执行程序,存放在存储器中。

（3）处理信息。

控制器将指令的地址送往寄存器,按地址指示从存储器中依次读取指令,再根据指令要求从存储器取出操作数,送往运算器。运算器接受控制器的操作命令,对操作数进行运算处理,并将运算处理的结果送回存储器保存。

（4）输出信息。

运算结束,控制器启动输出设备,如打印机。存储器将运算结果送入打印机,打印机再将运算结果转换为字符或图形,打印在纸上。

4. 计算机软件系统

"软件"一词于 20 世纪 60 年代初传入我国。国际标准化组织（ISO）将软件定义为:电子计算机程序及运用数据处理系统所必需的手续、规则和文件的总称。对此定义,一种公认的解释是:软件由程序和文档两部分组成,程序由计算机最基本的指令组成,是计算机可以识别和执行的操作步骤;文档是指用自然语言或者形式化语言所编写的用来描述程序的内容、组成、功能规格、开发情况、测试结构和使用方法的文字资料和图表。程序是具有目的性和可执行性的,文档则是对程序的解释和说明。程序是软件的主体。软件按其功能可分为系统软件和应用软件两大类。

1）系统软件

各种应用软件,虽然完成的工作各不相同,但它们都需要一些共同的基础操作,如从输入设备取得数据,向输出设备送出数据,从外存读数据,对数据进行常规管理,等等。这些基础工作也要由一系列指令来完成。人们把这些指令集中组织在一起,形成专门的软件,用来支持应用软件的运行,这种软件称为系统软件。系统软件包括操作系统和一系列基本的工具（如数据库管理、存储器格式化、文件系统管理、用户身份验证、驱动管理、网络连接等方面的工具）,是支持计算机系统正常运行并实现用户操作的那部分软件。常见的系统软件主要是指操作系统,当然也包括语言处理程序（汇编和编译程序等）、服务性程序（支撑软件）和数据库管理系统等。

2）应用软件

应用软件是指在计算机各个应用领域中,为解决各类实际问题而编制的程序,用来帮助人们完成特定领域中的各种工作。应用软件主要包括以下几种。

（1）文字处理软件。文字处理软件是指用来进行文字录入、编辑、排版、打印输出的软件,如 Microsoft Office、WPS2000 等。

（2）表格处理软件。表格处理软件是指用来对电子表格进行计算、加工、打印输出的软件,如 Lotus、Excel 等。

（3）辅助设计软件。辅助设计软件是指为用户进行各种应用程序的设计而提供的程序或软件包,常用的有 AutoCAD、Photoshop、3D Studio MAX 等。另外,上述的各种语言及语言处理程序也为用户提供了应用程序设计的工具,也可视为辅助设计软件。

（4）实时控制软件。在现代化工厂里，计算机普遍用于生产过程的自动控制，称为"实时控制"。例如：在化工厂中，用计算机控制配料、温度、阀门的开闭；在炼钢车间，用计算机控制加料、炉温、冶炼时间等；在发电厂，用计算机控制发电机组等。这类控制对计算机的可靠性要求很高，否则会生产出不合格的产品或造成重大事故。目前，计算机中较流行的软件有 FIX、Intouch、Lookout 等。

（5）用户应用软件。用户应用软件是指用户根据某一具体任务，使用上述各种语言、软件开发程序而设计的软件，如人事档案管理软件、计算机辅助教学软件、各种游戏软件等。

5. 嵌入式系统

嵌入式系统是一种完全嵌入受控器件内部，为特定应用而设计的专用计算机系统，是以应用为中心，以计算机技术为基础，软硬件可裁剪，适应应用系统对功能、可靠性、成本、体积、功耗等严格要求的专用计算机系统。与个人计算机这样的通用计算机系统不同，嵌入式系统通常执行的是带有特定要求的预先定义的任务。嵌入式系统具有系统内核小、专用性强、系统精简、与具体应用结合紧密等特征。嵌入式系统装置一般都由嵌入式计算机系统和执行装置组成。嵌入式计算机系统是整个嵌入式系统的核心，由硬件层、中间层、系统软件层和应用软件层组成。执行装置也称为被控对象，它可以接受嵌入式计算机系统发出的控制命令，执行所规定的操作或任务。

嵌入式系统主要用于工业控制、交通管理、信息家电、POS 网络、环境工程、国防与航天等领域。

2.2.2　物联网

物联网简称为"IoT"，就是物物相连的互联网。它包含了两层意思：一是物联网的核心和基础是互联网，物联网是在互联网基础上的延伸和扩展；二是物联网的用户端延伸和扩展到了任何物体与物体之间，进行信息交换和通信。

基于此，物联网是通过射频识别（RFID）装置、红外感应器、全球定位系统、激光扫描器等信息传感设备，按约定的协议，把任何物品与互联网相连接，进行信息交换和通信，以实现智能化识别、定位、跟踪、监控和管理的一种网络。

1. 物联网的体系架构

物联网的体系架构可以分为三层：感知层、网络层和应用层。

感知层由各种传感器构成，实现对外界的感知、识别，或定位物体、采集信息等，包括温度传感器、湿度传感器、二维码标签、RFID 标签、摄像头、GPS 等感知终端。通过感知识别技术，让物体"发布信息"融合于信息世界，是物联网区别于其他网络的独特部分。例如，RFID 系统包括标签、阅读器和天线三大组件，RFID 标签附着在物体上标识目标对象，阅读器再通过天线接收并识别标签发回的信息，最后将识别结果发送给主机。

网络层由互联网、有线和无线通信网、网络管理系统和云计算平台等组成，是连接感知层和应用层的中枢，负责传递和处理感知层获取的信息。

应用层实现物联网的各种具体应用并提供服务，它与行业需求相结合，涵盖物品追踪、环境感知、智能交通、智能家居等。目前物联网应用正处于快速增长期，具有多样化、规模化、行业化等特点。

2. 物联网的主要特征

(1) 感知识别普适化。物联网上布置了海量的多种类型传感器,将物理世界和信息世界高度融合。

(2) 异构设备互联化。在物联网上的传感器定时采集的信息需要网络传输,传输过程中为保证数据的正确性和及时性,必须适应各种异构网络和协议。

(3) 联网终端规模化。物联网时代,每一件物品均具有通信功能,能成为网络终端。

(4) 管理调控智能化。物联网能够对物体实施智能控制,高效可靠地组织大规模数据。

(5) 应用服务链条化。以工业生产为例,物联网技术覆盖原材料引进、生产调度、产品销售、售后服务等各个环节。

(6) 经济发展跨越化。新兴经济体可利用物联网摆脱落后的基础设施制约,从而实现跨越式发展。

3. 物联网的分类

物联网按照部署和运行模式可分为公共物联网、私有物联网、社区物联网、混合物联网等。

(1) 公共物联网:基于互联网向公共或大型用户群体提供服务。

(2) 私有物联网:一般为单一机构内部提供服务;可能由机构或其委托的第三方实施和维护,主要存在于机构内部和内网中,也可存在于机构外部。

(3) 社区物联网:向一个关联的“社区”或机构群体(如一个城市政府下属的各委办局:公安局、交通局、环保局、城管局等)提供服务,可能由两个或以上的机构协同运维。

(4) 混合物联网:上述的两种或以上的物联网的组合,但后台有统一的运维实体。

4. 物联网在智能家居中的应用案例

智能家居在英文中常用“smart home”表示,融合个性需求,将与家居生活有关的各个子系统(如通信设备、家用电器、家庭安防装置等)有机地结合在一起,通过网络化综合智能控制和管理,实现“以人为本”的全新家居生活体验。智能家居正逐步打破以单一物联网智能产品为中心的趋势,实现各种产品之间的互联互通。

智能家居的用户场景:早晨用户还在熟睡时,音乐缓缓响起,卧室的窗帘自动拉开;当用户起床洗漱时,营养早餐已经做好,用餐完毕,音响自动关机,提醒用户上班;在上班途中,突然想起空调、电视等家用电器还没关,打开手机,就可控制家中的电器开关;晚上,窗帘会自动关闭,室内灯光会自动打开。

2.2.3 移动通信

移动通信是移动用户与固定用户之间或移动用户与移动用户之间的通信方式。移动体可以是人,也可以是汽车、收音机等移动状态中的物体。随着我国社会经济的全面健康发展,移动通信已经渗透到了我们社会生活中的方方面面,它直接面向千家万户,与人们的生活、工作息息相关,它给人们带来了很多便利,站在构建和谐社会的高度上来说,它直接关系到广大人民群众的切身利益。

1. 移动通信的特点

(1) 移动性。由于要保持物体在移动中的通信,因而它必须是无线通信,或无线通信与有线通信的结合。

(2) 电波传播环境复杂。无线信号在传播时会有各种障碍物使信号产生多径效应、阴影效应,使信号散射和衍射产生衰落等。

（3）噪声和强干扰影响严重。对于移动通信而言,会有汽车火花噪声、工业噪声等,以及移动用户之间产生的互调干扰、邻道干扰、同频干扰、多址干扰等。

（4）要求频带利用率高,设备性能好。

2. 移动通信的分类

根据移动通信的特点,可以从不同角度对移动通信进行分类。

1）按照工作方式分

（1）单工。它是指消息只能单方向传输的工作方式,如遥控、遥测。

（2）双工。它是指在同一时刻信息可以进行双向传输。双工可分为时分双工（TDD）和频分双工（FDD）。时分双工是指利用时间分隔多工技术来分隔传送及接收信号。频分双工是指利用频率分隔多工技术来分隔传送及接收的信号。

（3）半双工。它是指消息允许双向传输,但不能同时进行。

2）按多址方式分

（1）频分多址（FDMA）。它是指把总带宽分隔成多个正交的频道,每个用户占用一个频道。

（2）时分多址（TDMA）。它是指把时间分割成互不重叠的时段（帧）,再将帧分割成互不重叠的时隙（信道）,与用户具有一一对应关系,依据时隙区分来自不同地址的用户信号,从而完成多址连接。

（3）码分多址（CDMA）。它是一种扩频多址数字式通信技术,通过独特的代码序列建立信道,可用于二代和三代无线通信中的任何一种协议。

（4）空分复用接入（SDMA）。它是一种卫星通信模式,可利用碟形天线的方向性来优化无线频域的使用并减少系统成本。这种技术可利用空间分割构成不同的信道。

除此之外,按信号形式可将移动通信分为模拟网和数字网;按照覆盖范围可将移动通信分为城域网、局域网和广域网;按照业务类型可将移动通信分为电话网、数据网、综合业务网、多媒体网等;按照服务特性可将移动通信分为专用网和公用网;按照使用对象可将移动通信分为民用系统和军用系统等。

2.3　云计算与大数据

2.3.1　云计算

美国国家标准与技术研究院（NIST）定义:云计算是一种按使用量付费的模式,这种模式提供可用的、便捷的、按需的网络访问,进入可配置的计算资源共享池（资源包括网络、服务器、存储器、应用软件、服务）,这些资源能够被快速提供,只需投入很少的管理工作,或与服务供应商进行很少的交互。云计算是分布式计算、并行计算、效用计算、网络存储、虚拟化、负载均衡、热备份冗余等传统计算机和网络技术发展融合的产物。

1. 云计算的特点

1）超大规模

"云"具有相当的规模,Google 的"云"已经拥有 100 多万台服务器,Amazon、IBM、微软、

Yahoo 等的"云"均拥有几十万台服务器。企业私有"云"一般拥有成百上千台服务器。"云"能赋予用户前所未有的计算能力。

2）虚拟化

云计算支持用户在任意位置、使用各种终端获取应用服务。所请求的资源来自"云",而不是固定的有形的实体。应用在"云"中某处运行,实际上用户无须了解也不用担心应用运行的具体位置。只需要一台笔记本或者一个手机,就可以通过网络服务来获得我们需要的一切,甚至完成超级计算这样的任务。

3）高可靠性

"云"使用了数据多副本容错、计算节点同构可互换等措施来保障服务的高可靠性,使用云计算比使用本地计算机可靠。

4）通用性

云计算不针对特定的应用,在"云"的支持下可以构造出千变万化的应用,同一个"云"可以同时支持不同的应用运行。

5）高可扩展性

"云"的规模可以动态伸缩,满足应用和用户规模增长的需要。

6）按需服务

"云"是一个庞大的资源池,可按需购买;"云"可以像自来水、电、煤气那样计费。

7）极其廉价

由于"云"的特殊容错措施可以采用极其廉价的节点来构成"云","云"的自动化集中式管理使大量企业无须负担日益高昂的数据中心管理成本,"云"的通用性使资源的利用率较之传统系统大幅提升,因此用户可以充分享受"云"的低成本优势,经常只需花费几百美元、几天时间就能完成以前需要数万美元、数月时间才能完成的任务。

云计算服务除了提供计算服务外,还提供存储服务。但是云计算服务当前垄断在私人机构(企业)中,而这些私人机构(企业)仅仅能够提供商业信用。对于政府机构、商业机构(特别是像银行这样持有敏感数据的商业机构)来说,在选择云计算服务时应保持足够的警惕性。一旦商业机构大规模使用私人机构提供的云计算服务,无论其技术优势有多强,都不可避免地会让这些私人机构以"数据(信息)"的重要性挟制整个社会。对于信息社会而言,信息是至关重要的。云计算中的数据对于数据所有者以外的其他用户来说是保密的,但是对于提供云计算的机构而言却毫无秘密可言。所有这些潜在的危险,是商业机构和政府机构在选择云计算服务,特别是国外机构提供的云计算服务时不得不考虑的一个重要方面。

2. 云计算的服务形式

云计算包括以下几个层次的服务:基础设施即服务(IaaS)、平台即服务(PaaS)和软件即服务(SaaS)。

1）基础设施即服务

IaaS(infrastructure as a service):基础设施即服务。消费者通过 Internet 可以从完善的计算机基础设施获得服务。例如,硬件服务器租用。

2）平台即服务

PaaS(platform as a service):平台即服务。PaaS 实际上是指将软件研发的平台作为一种服务,以 SaaS 的模式提交给用户。因此,PaaS 也是 SaaS 模式的一种应用。但是,PaaS 的出现可以加快 SaaS 的发展,尤其是加快 SaaS 应用的开发速度。例如,软件的个性化定制开发。

3) 软件即服务

SaaS(software as a service):软件即服务。它是一种通过 Internet 提供软件的模式,用户无须购买软件,而是向提供商租用基于 Web 的软件,来管理企业经营活动。例如,阳光云服务器。

2.3.2　大数据

大数据是指无法在一定时间范围内用常规软件工具进行捕捉、管理和处理的数据集合,是需要新处理模式才能具有更强的决策力、洞察发现力和流程优化能力的海量、高增长率和多样化的信息资产。

在维克托·迈尔·舍恩伯格及肯尼斯·库克耶编写的《大数据时代》中,大数据是指不用随机分析法(抽样调查)这样的捷径,而采用所有数据进行分析处理。大数据的"5V"特性(IBM 提出):volume(大量)、velocity(高速)、variety(多样)、value(价值)、veracity(真实性)。

对于大数据,研究机构 Gartner 给出了这样的定义:大数据是需要新处理模式才能具有更强的决策力、洞察发现力和流程优化能力的海量、高增长率和多样化的信息资产。

麦肯锡全球研究所给出的大数据的定义是:一种规模大到在获取、存储、管理、分析方面大大超出了传统数据库软件工具能力范围的数据集合,具有数据规模大、数据流转快、数据类型多样和价值密度低四大特征。

大数据技术的战略意义不在于掌握庞大的数据信息,而在于对这些含有意义的数据进行专业化处理。换言之,如果把大数据比作一种产业,那么这种产业实现盈利的关键就在于提高对数据的"加工能力",通过"加工"实现数据的"增值"。

从技术上看,大数据与云计算就像一枚硬币的正、反面一样密不可分。大数据必然无法用单台的计算机进行处理,必须采用分布式架构。分布式架构的特色在于对海量数据进行分布式数据挖掘,但它必须依托云计算的分布式处理、分布式数据库和云存储、虚拟化技术。

随着云时代的来临,大数据也吸引了越来越多的关注。分析师团队认为,大数据通常用来形容一个公司创造的大量非结构化数据和半结构化数据,这些数据在下载到关系型数据库用于分析时会花费过多的时间和金钱。大数据分析常和云计算联系到一起,因为实时的大型数据集分析需要像 MapReduce 一样的框架来向数十、数百或甚至数千的计算机分配工作。

大数据需要特殊的技术,以有效地处理大量数据。适用于大数据的技术涉及大规模并行处理(MPP)数据库、数据挖掘电网、分布式文件系统、分布式数据库、云计算平台、互联网和可扩展的存储系统。

1. 大数据的意义

当今社会是一个高速发展的社会,科技发达,信息流通,人与人之间的交流越来越密切,生活也越来越方便,大数据就是这个高科技时代的产物。阿里巴巴集团创始人马云在其演讲中就提到,未来的时代将不是 IT 的时代,而是 DT 的时代,DT 就是 data technology(数据科技),大数据对于阿里巴巴集团来说举足轻重。

有人把数据比喻为蕴藏能量的煤矿。煤炭按照性质有焦煤、无烟煤、肥煤、贫煤等分类,而露天煤矿、深山煤矿的挖掘成本又不一样。与此类似,大数据并不在于"大",而在于"有用"。价值含量、挖掘成本比数量更重要。对于很多行业而言,如何利用这些大规模数据是赢得竞争的关键。

大数据的价值体现在以下几个方面。

（1）为大量消费者提供产品或服务的企业可以利用大数据进行精准营销。

（2）小而美模式的中长尾企业可以利用大数据做服务转型。

（3）互联网压力之下必须转型的传统企业需要与时俱进，充分利用大数据的价值。

企业组织利用相关数据和分析可以帮助它们降低成本、提高效率、开发新产品、做出更明智的业务决策等。例如，通过结合大数据和高性能的分析，下面这些对企业有益的情况都可能会发生。

（1）及时解析故障、问题和缺陷的根源，每年可能会为企业节省数十亿美元。

（2）为成千上万的快递车辆规划实时交通路线，避开拥堵。

（3）分析所有 SKU，以利润最大化为目标来定价和清理库存。

（4）根据客户的购买习惯，为其推送其可能感兴趣的优惠信息。

（5）从大量客户中快速识别出金牌客户。

（6）使用点击流分析和数据挖掘来规避欺诈行为。

2．大数据的发展趋势

1）数据的资源化

资源化是指大数据成为企业和社会关注的重要战略资源，并成为大家争相抢夺的新焦点。因而，企业必须要提前制订大数据营销战略计划，抢占市场先机。

2）与云计算的深度结合

大数据离不开云计算，云计算为大数据提供了弹性可拓展的基础设备，是产生大数据的平台之一。自 2013 年开始，大数据技术已开始和云计算技术紧密结合，预计未来两者的关系将更为密切。除此之外，物联网、移动互联网等新兴计算形态，也将一同助力大数据革命，让大数据营销发挥出更大的影响力。

3）科学理论的突破

随着大数据的快速发展，就像计算机和互联网一样，大数据很有可能带来新一轮的技术革命。随之兴起的数据挖掘、机器学习和人工智能等相关技术，可能会改变数据世界里的很多算法和基础理论，实现科学理论的突破。

4）数据科学和数据联盟的成立

未来，数据科学将成为一门专门的学科，为越来越多的人所认知。各大高校将设立专门的数据科学类专业，也会催生一批与之相关的新的就业岗位。与此同时，基于数据这个基础平台，也将建立起跨领域的数据共享平台，之后，数据共享将扩展到企业层面，并且成为未来产业的核心一环。

5）数据泄露泛滥

未来几年，数据泄露事件也会增多，除非数据在其源头就能够得到安全保障。可以说，未来每个财富 500 强企业都会面临数据攻击，无论它们是否已经做好安全防范；而所有企业，无论规模大小，都需要重新审视今天的安全定义。在财富 500 强企业中，50％以上将会设置首席信息安全官这一职位。企业需要从新的角度来确保自身及客户数据的安全，所有数据在创建之初便需要获得安全保障，仅仅加强数据保存的最后一个环节的安全措施已被证明于事无补。

6）数据管理成为核心竞争力

数据管理成为核心竞争力，直接影响财务表现。当"数据资产是企业核心资产"的概念深入人心之后，企业对数据管理便有了更清晰的界定。数据资产管理效率与主营业务收入增长率、销售收入增长率显著正相关。此外，对于具有互联网思维的企业而言，数据资产竞争力所占比重为 36.8%，数据资产的管理效果将直接影响企业的财务表现。

7）数据质量是 BI（商业智能）成功的关键

采用自助式商业智能工具进行大数据处理的企业将会脱颖而出。其中要面临的一个挑战是，很多数据源会带来大量低质量数据。想要成功，企业需要了解原始数据与数据分析之间的差距，从而消除低质量数据并通过 BI 获得更佳决策。

8）数据生态系统复合化程度加强

大数据的世界不是一个单一的、巨大的计算机网络，而是一个由大量活动构件与多元参与者元素所构成的生态系统，即由终端设备提供商、基础设施提供商、网络服务提供商、网络接入服务提供商、数据服务提供商、数据服务零售商等一系列的参与者共同构建的生态系统。而今，这样一套数据生态系统的基本雏形已然形成，接下来的发展将趋向于系统内部角色的细分，也就是市场的细分（系统机制的调整，也就是商业模式的创新；系统结构的调整，也就是竞争环境的调整），从而使得数据生态系统复合化程度逐渐增强。

2.4　扩展阅读——物联网应用实例

2.4.1　物联网行业需求

传统制造业厂商在生产与销售硬件产品时，无法与终端用户直接接触，硬件工作状态及售后故障维修等情况无法及时有效地获知。通过物联网应用将硬件设备接入互联网，既便于用户对设备进行远程遥控，又便于厂商实时获取设备数据，快速建立用户与设备、厂商与设备的连接。通过数据收集厂商可以得到全面、真实、可信的数据，借助大数据分析不断升级产品功能，最终使得产品迭代优化、售后服务高效、服务更加个性化，最终提升产品和企业的市场竞争力。

构建一个安全可靠的物联网应用，有别于传统企业的 IT 信息化，要面临和解决海量用户和设备规模化带来的高并发性、高可用性、海量数据处理、开发周期长、高安全性等一系列挑战。

1. 高并发性

设备通过长连接等技术方案实现联网，满足终端用户对设备的远程控制，而大规模的设备及终端用户会带来海量的并发访问及海量的设备数据。

2. 高可用性

物联网应用需要保证终端用户在任何时间、任何地点都可以访问云端应用，远程控制设备可提升用户体验，减少客户对硬件质量的投诉，而不可靠的网络、服务器、应用会导致严重的故障和损失，高可用的架构设计、服务运维至关重要。

3. 海量数据处理

设备联网后有效收集的终端用户的行为数据、设备运行状态及各种传感数据，产生频率高、体量巨大、类型繁多、实时性要求高、价值密度低，如何存储、实时处理和分析海量数据，迫切需要 IT 行业最紧缺的大数据相关高级专业技术人才。

4. 开发周期长

虽然物联网已经成为行业的趋势,但传统硬件行业的人才对物联网、互联网的理解需要一个过程,而且物联网应用涉及硬件端、APP 端、云端等三端研发及服务运维监控等不同技术背景的多个团队的密切合作,沟通、开发、联调、运维难度大,周期长,产品迭代会遇到很多困难。

5. 高安全性

安全对于终端用户和硬件厂商来说都非常重要,任何一端的漏洞都可能导致全盘皆输,要保证端到端的整体安全,需要投入大量资源与专业人才。

2.4.2 AbleCloud 物联网解决方案

为了帮助厂商解决上述问题,AbleCloud 一直专注于提供最可靠、最安全、最高效的云服务基础设施,为物联网行业的厂商提供强大的物联网应用开发平台,帮助厂商快速实现大规模(千万量级)设备的联网智能化,让物联网应用开发变得简单、敏捷。

厂商的研发人员基于 AbleCloud 提供的物联网应用开发平台,集成设备端联网固件、APP SDK,专注于自身业务相关逻辑,即可实现硬件的云端智能化,无须考虑大规模设备联网接入、分布式数据存储等服务的高并发性、高可用性、可扩展性,并从服务部署、扩容升级、监控报警、日常运维等烦琐而复杂的工作中解放出来。

1. AbleCloud 物联网解决方案阐述

AbleCloud 物联网解决方案的实现依托于 AbleCloud 独创开发的三大产品:Matrix 设备接入及应用开发平台、Inspire 大数据及分析平台,以及 Genius 设备管理及业务运营平台从功能实现、产品优化、业务模式的创新迭代所实现的完整闭环。

1) Matrix 设备接入及应用开发平台

使用 Matrix 设备接入及应用开发平台可极大简化设备端联网与云服务开发。Matrix 设备接入及应用开发平台的功能及特性如下。

(1)海量设备接入。

Matirx 提供安全稳定的设备通信信道,灵活兼容 MQTT、CoAP、TCP、UDP、REST/HTTP 等多种物联网常用传输协议,完成千万量级设备的连接管理、数据计算和存储等高并发处理。

(2)云端智能应用开发。

Matirx 提供适用于 APP、Web、云服务开发的 API 和 SDK,通过分布式集群调度系统自动优化计算资源的使用,客户只需关注业务逻辑,即可快速实现高性能、高可用、稳定可靠的应用。

(3)通用功能组件。

Matrix 提供丰富的通用功能组件库,减少"重复造轮子"的工作,客户可以快速组合出适用于自己业务场景的应用。

(4)银行级安全保障。

物联网设备攻击日益频繁的今天,Matirx 构建了覆盖设备端、云端、客户端完备的安全体系,为客户的设备和数据安全性提供了有力支撑。

(5)支持多平台对接。

Matrix 与微信、京东、国美、苏宁、亚马逊等多家国内外主流物联网平台进行了合作对接,满足客户同时接入多平台的需求。

（6）服务集群全球化部署。

Matrix 目前已部署了包括中国、东南亚、欧洲、北美等多地域的服务集群，遍布全球核心商业价值圈，帮助客户更好地拓展国际化业务。

Matrix 架构图如图 2.12 所示。

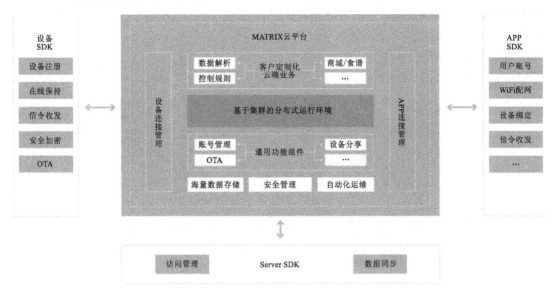

图 2.12 Matrix 架构图

2）Inspire 大数据及分析平台

Inspire 大数据及分析平台可以供企业全员（企业负责人、运营人员、数据分析师、产品经理、营销人员、开发人员）按业务不同进行差别性使用，可充分发挥业务各个环节的力量，促使产品体验、销售业绩、售后工作、运营质量等的优化与提升，实现产品与服务的人工智能化。

Inspire 大数据及分析平台的功能及特性如下。

（1）交互式数据分析。

Inspire 大数据分析系统最大的特点为零编码交互式操作，可将分析结果以最直观、易懂的方式进行可视化呈现，供业务人员随时随地对海量数据进行分析和挖掘。

（2）多分析模型。

Inspire 已集成了多个常用数据分析模型，支持客户对数据进行多维度、细粒度的复杂分析，让普通业务人员也可轻松具备专家级的分析水准，更深层次地探寻数据蕴藏的价值。

（3）实时数据处理。

Inspire 采用最先进的实时计算架构，可以做到上一秒产生的业务数据即可代入到下一秒的分析结果中，满足客户对内容推荐、故障预测等实时性要求较高的业务的数据分析和应用需求。

（4）企业全员使用。

Inspire 对客户最大的改变在于可以让企业全员接触到授权的数据并进行分析，充分发挥各业务环节的力量，实时了解其所负责环节的运行情况，并及时定位问题所在，试验解决方法，进行效果跟踪，让企业更好、更快地应对市场环境的变化。

（5）分析结果可应用。

Inpsire 让业务人员具备强大的数据分析能力,实时了解其所负责环节的运行情况,并将分析结果及时应用到问题定位、效果跟踪等环节,为客户营造数据分析应用的闭环。

（6）支持定制化开发。

对于有数据分析和机器学习编码能力的客户,Inspire 提供了数据读写、数据高性能计算、通用数据分析模型、通用机器学习模型等众多 API,供客户基于 Inspire 强大的大数据处理能力开发高阶数据分析和应用。

Inspire 架构图如图 2.13 所示。

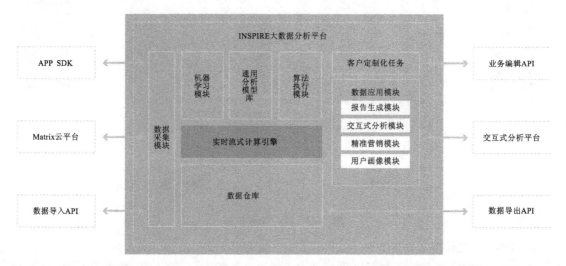

图 2.13 Inspire 架构图

3）Genius 设备管理及业务运营平台

运营平台的宗旨是解决部分客户设备产品物联网化后的通用运营问题,体现 AbleCloud 带给客户的运营能力,最终在客户的设备管理、用户管理、售后维保等层面提供必要且可用的支撑。

Genius 设备管理及业务运营平台的功能及特性如下。

（1）多维度业务运营。

针对设备物联网化后的日常营运业务,Genius 提供了设备远程监控、设备故障管理、设备维保、设备用户使用分析等多维度的业务运营能力,帮助实现高效的运营管理。

（2）健全的账号权限系统。

Genius 向客户提供了健全的账号权限系统,供客户在企业内部为不同角色的人员分配所需的页面查看、功能使用及数据浏览权限,同时支持企业内多部门的层级管理。

（3）企业内部管理系统对接。

Genius 提供了 Web 开发框架和 API 接口供客户二次开发,充分满足客户的定制化需求及与 CRM、ERP、OA 等企业内部管理系统进行数据对接,帮助企业更好地实现多部门协作,发挥更大的业务营运价值。

（4）按需选用更多增值服务。

Genius 携手业务营运专家团队,将持续推出更多的垂直领域管理功能模块及咨询服务,助力企业提升整体营运水平及效率,客户可按需选购并使用。

2．AbleCloud 解决方案的优势和特点

1）极大降低物联网应用开发门槛

AbleCloud 和阿里云 IaaS 服务商及其他物联网服务商的根本区别在于,提供了针对物联网设备端、APP 端、云端整体的解决方案的开发组件和 SDK,通过提供 IoT 通用标准组件、云端智能化开发引擎、大数据分析引擎等产品,构建完整的针对物联网场景的基础架构,降低物联网应用的开发门槛,让硬件厂商普通水平的研发工程师无须考虑大规模设备接入、分布式数据存储等服务的高并发性、高可用性、可扩展性,基于这套解决方案就可以做出安全、稳定、可靠、分布式可扩展的应用,最终具备很高的自主研发和产品创新的能力。

2）高并发设备接入服务能力

设备嵌入联网固件通过身份认证后接入云端,建立起设备和云端进行通信交互的高速公路,在这条高速公路上可以运行各种应用协议,通过 RSA 和 AES 加密保证网络通信数据的安全性。

设备接入服务为了解决超大规模设备(千万量级)的接入需求,采取了分布式两级负载均衡的架构设计方式,通过实时心跳自动监测服务器的可用状态,保证设备与云端的通信链路的稳定性,而且接入服务支持跨地域部署,在不同的地域分布部署了接入服务,设备可采用就近接入的原则,最大限度地保证网络稳定性,降低网络延时,保证设备与云端的通信质量。

500 万设备同时在线等不同应用场景的压力测试报告,证明了接入服务的稳定性和可扩展性。单服务器最大可支撑 200 万设备在线,通过分布式集群的架构设计,保证高并发场景下的高可用性及快速的故障隔离。

3）高吞吐分布式数据存储能力

海量设备联网后除了周期性维护心跳,还会 7×24 小时实时上报各种传感数据,便于云端监控设备运行的状态。数据写入远大于读出,上行网络负载远大于下行网络负载,这些都是有别于传统互联网应用的,而传统应用所依赖的各种关系型数据存储技术是为了读优化的设计,无法满足物联网场景下的海量设备数据高并发的写入需求。

分布式的数据存储服务会利用不同的物理节点数据分区,每个分区进行主从热备,当主节点发生问题时,秒级切换至备节点,保证了极高的服务可用性,并通过数据多重备份,保证数据的可靠性。同时,分布式的架构赋予了存储系统扩展能力,多个服务节点同时进行数据读写,有效解决了单节点的瓶颈问题。

4）高可用服务开发治理能力

随着物联网应用的进一步发展,基于终端用户的业务场景化应用会越来越丰富。

互联网的经验告诉我们,上述这些问题的解决,需要依赖 PaaS 云计算技术。容器虚拟化技术具有资源耗费低、部署简便快捷等优点,适用于搭建企业级应用平台。AbleCloud 采用了基于容器技术的 Docker 框架来搭建虚拟化计算平台,在此基础上向厂商提供服务器托管服务,实现了按需调度计算资源。通过实时监控各种计算资源(包括 CPU、内存、磁盘及网络)和各服务器负载情况,实现了瞬时水平扩容/缩容的调度。

5）大数据分析能力

物联网应用构建完成之后,随着业务规模的发展和时间的累积,迫切需要对海量数据进行

分析,挖掘数据的宝贵价值。AbleCloud 大数据分析引擎的底层采用先进的分布式存储系统,在提供海量数据存储能力的同时,支持高效的查询性能。在分析层,采用 MPP 架构,实现海量数据的实时查询分析。

数据分析结果的输出速度取决于对历史海量数据的处理速度。AbleCloud 支持 T 级别数据的同时处理,实现计算结果秒级输出。普通的数据分析引擎仅能对近一天以前的数据进行分析,AbleCloud 的流式实时计算引擎可以对近 10 分钟前的数据进行分析。

6)端到端一体化安全保障能力

AbleCloud 提供的基础设施采用端到端一体化多重安全防护体系,对 APP 端、云端、设备端进行通信协议加密,结合设备、用户身份认证及基于角色的访问权限管理,确保硬件和云端的安全性。

(1)设备端:设备接入云端过程通过 RSA 协议进行双向安全认证,设备接入后通过动态 AES 进行信令加密,以保证数据传输过程的安全性。

(2)APP 端:APP 端和云端交互会基于用户身份进行签名认证,通过 SHA1 签名算法,防止流量重放攻击及账号伪造攻击;账号体系通过加密措施,防止拖库和撞库等暴力攻击。

(3)云端:在 IaaS 层依托阿里云/AWS 等云计算平台构建涵盖网络层、系统层的纵深防护体系,覆盖抵御网络攻击的全过程,提供网络入侵检测、主机入侵防护、漏洞检测、木马检测等安全服务。

第3章
智能家居标准协议

3.1　概　　述

3.1.1　智能家居标准的作用

智能家居标准的作用主要体现在以下几个方面。

1. 标准化能实现智能家居产品互联互通

智能家居的产品服务于人们日常生活的方方面面,其种类比较多。这些产品通常由不同的厂商设计制造,只有遵从统一的通信接口,才能实现互联互通、组成智能家居系统。标准化规范了通信技术要求和性能指标,保证了互联互通的一致性和可靠性。

2. 标准化能促进智能家居数据共享

智能家居数据包括用户的使用习惯、住宅的环境信息、家用电器的运行状态等。将千家万户的数据汇集起来形成智能家居大数据有着重要的意义,如帮助厂商改善产品设计,使其更好地满足不同用户的需求。智能家居数据共享的前提是数据的分类编码、存储数据库、数据交换格式等标准化,这样才能生成有价值的数据资源。

3. 标准化能达成智能家居行业协同

智能家居行业的产业链包括产品制造商、工程设计商、系统集成商等。有了智能家居产品标准,产品链中各个单位分工更细,能够协同工作;有了标准化产品,在相同功能的前提下,工程设计商可以选用不同的制造商,业主可以用同一个设计方案,选用不同的集成商,从而促进社会资源的充分利用,促使行业有序发展。

3.1.2　智能家居标准的分类

智能家居标准按照行业特点可分为自动化流派、传感网流派和 IT 流派。自动化流派的智能家居标准源于工业自动化和建筑自动化,主要有 KNX、BACnet、Modbus 等。传感网流派的智能家居标准源于无线传感器网络,主要有 ZigBee、Z-Wave 等。IT 流派的智能家居标准源于 IT 领域的技术,主要有 Wi-Fi、蓝牙、6LoWPAN 等。

智能家居标准按照信息的自身属性可分为以下几类。

1. 基础标准

智能家居基础标准包括术语、系统结构、设备、软件等方面的标准。

(1) 术语标准:统一智能家居发展中遇到的主要名词、术语和技术词汇。

(2) 系统结构标准:主要涉及智能家居的各个子系统的描述,以及子系统和主家庭网络之间的关系。

(3) 设备标准:主要规范智能家居设备应具有的功能及达到的性能指标。

(4) 软件标准:规范智能家居组态软件、移动终端 APP 的人机交互界面、扩展插件接口等。

2. 数据资源标准

数据资源标准包括数据元、分类编码、数据结构和交换、云服务等方面的标准。

(1) 数据元:用一组属性描述数据的定义、标准和允许值的数据单元。

(2) 分类编码:把某种具有共同属性的数据归在一起,最大限度地实现数据共享。

（3）数据结构和交换：把智能家居的数据标准化，形成特定的数据结构，统一数据交换的格式。

（4）云服务：通过云服务器实现智能家居标准化格式的数据（xml、json 等）的存储、处理等。

3. 通信标准

智能家居通信标准规定了家庭网络从物理层到应用层的技术要求。物理层通信介质包括双绞线、电力线、无线等。一般情况下，不同的通信介质采用不同的链路层协议。通信标准在这些方面给予了详细规范。

4. 信息安全标准

与信息安全有关的标准包括安全技术术语、密码技术、安全协议、标识与鉴别、访问控制、电子签名、完整性保护、安全管理、等级保护和运行等方面的标准。

5. 管理标准

智能家居管理标准包括智能家居设计施工和验收监理、测试与评估、质量控制与认证等方面的标准。

3.2 KNX 协议

1999 年 5 月，欧洲三大总线协议 EIB、BatiBus 和 EHSA 合并成立了 Konnex 协会，提出了 KNX 协议。KNX 协议于 2003 年被批准为欧洲标准，2005 年被批准为美国标准，2007 年被批准为中国标准。KNX 协议功能丰富，适用于住宅建筑、功能性建筑和工业建筑，是目前智能家居行业主流的标准之一。

3.2.1 KNX 协议的技术特点

1. 通信介质多

KNX 协议支持多种通信介质，包括双绞线、电力线和无线等。在具体的工程应用中使用四种介质，即 1 类双绞线（TP1）、电力线、射频（RF）、IP，均可以部署 KNX。借助合适的网关，也可以在其他介质（如光纤）上传输 KNX 报文。各种介质的应用领域如表 3.1 所示。

表 3.1　各种介质的应用领域

介　质	传 输 方 式	首选应用领域
1 类双绞线	分离式控制	新设施及开展改造（传输可靠性高）
电力线	现有网络	无须额外铺设控制电缆且可以使用 230 V 电源电缆的场所
射频（RF）	无线（中间频率为 868.30 MHz）	无法或不想铺设电缆的场所
IP	以太网	大型设施

2. 总线功能强

KNX 的传输介质主要是双绞线，比特率为 9600 bit/s。总线由 KNX 电源（DC24V）供电，数据传输和总线设备电源共用一条电缆，数据报文调制在直流电源上。KNX/EIB 是一个基于事件控制的分布式总线系统。该系统采用串行数据通信进行控制、监测和状态报告。一个报文中的单个数据是异步传输的，但整个报文作为一个整体是通过增加起始位和停止位同步传输的。KNX/EIB 采用 CSMA/CA(避免碰撞的载波侦听多路访问协议),保证对总线的访问在不降低传输速率的同时不发生碰撞。

3. 系统配置模式可选

KNX 系统有多种配置模式,允许每个制造商根据市场选择目标市场部分和应用的适当组合。

1) S-Mode(系统模式)

该配置机制的目的是为经过良好培训的 KNX 安装者实现复杂的楼宇控制功能。一个由S-Mode 组件组成的装置可以由通常的软件工具(ETS 专业版)在由 S-Mode 产品制造商提供的产品数据库的基础上进行设计。ETS 也可以用于连接和设置产品,即设置安装和下载要求的可用参数。S-Mode 让楼宇控制变得更加灵活。

2) E-Mode(简单模式)

该配置机制主要针对经过基本 KNX 培训的安装人员。与 S-Mode 相比,E-Mode 兼容产品只提供有限的功能。E-Mode 组件已经预先编程好并且已经载入默认参数。使用简单配置,可以重新配置各个组件(主要是其参数设置和通信连接)。

3.2.2 KNX 网络的拓扑结构

KNX 网络的拓扑结构包括线路、域、主干线。KNX 采用分层结构,分为域和线路;一个系统有 15 个域,每个域有 15 条线路,每个线路有 64 个设备。大型 KNX 网络中,支线/干线耦合器(路由器)和中继器是构建整个网络的关键设备。

图 3.1 展示了 KNX 网络各部分的关系。

线路:线路是 KNX 系统最小的单元,可接 64 个设备;实际可连接的设备数量取决于总线电源和设备耗电;每条线路最长达 1000 m。

域:KNX 系统可以有 15 条线路通过线路耦合器(路由器)连接到主干线路。

主干线:干线可通过干线耦合器(路由器)组成一个区域,一般情况下,一个 KNX 系统可接14 400 个总线设备。一般,KNX 系统线路和干线都采用 KNX 通信。

一般情况下(使用一个 640 mA 总线电源),最多可以有 64 个总线元件在同一线路上运行。若有需要,可以在计算线路长度和总线通信负荷后,通过增加系统设备来增加一条线路上总线设备的数量,最多一条线路可以增加到 256 个总线设备。一条线路(包括所有分支)的导线长度不能超过 1000 m,总线装置与最近的电源之间的导线长度不能超过 350 m。为了避免报文碰撞,两个总线装置之间的导线长度不能超过 700 m。

3.2.3 KNX 设备

KNX 系统总线设备(如调光器/驱动器、多功能开关、火灾传感器)主要由三个部分组成:总线耦合器(BCU)、应用模块(AM)和应用程序(AP)。

总线耦合器负责发送、接收和存储数据。总线设备需要处理的信息(设备的物理地址、一个或几个组地址、应用程序和相关的参数)经过总线送到总线耦合器。总线耦合单元中的微处理器是耦合单元的“大脑”,负责协调总线设备的各项功能。当出现故障或电源失效时,总线设备会进入预先设置好的应对状态,数据则保存在总线设备中。当故障排除或电源恢复后,总线设备会进入预定的恢复程序。

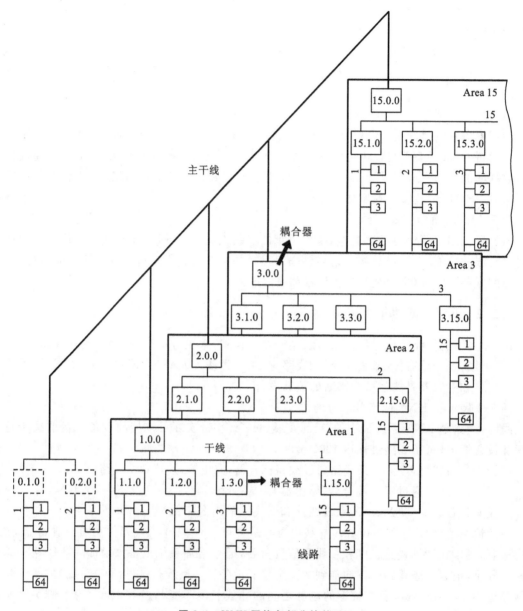

图 3.1　KNX 网络各部分的关系

应用模块及应用程序决定了总线设备的功能。

(1) 作为两个部件之间的报文交换接口(5 芯)。

(2) 为应用模块提供电源(2 芯)。

一般情况下,总线耦合器和应用模块无论是分离式还是集成式,都必须使用同一个厂商的产品。若为分离式,则应用模块可以通过标准应用接口,即物理外部接口(PEI),连接至总线耦合器。

总线耦合器为总线设备的集成部件时,已经通过总线接口模块(BIM)或者总线设备中的芯片组内建在总线设备中。总线接口模块基本上就是总线耦合器,但没有总线耦合器的外壳和一些其他部件。芯片组构成了总线接口模块的核心部件,即控制器和收发器。

目前,总线耦合器可以连接两种不同的介质:1类双绞线(32 V 安全特低电压)和电力线。EIB 总线设备如图 3.2 所示。

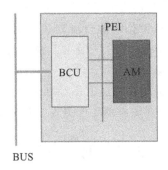

图 3.2　EIB 总线设备

得益于集成式总线耦合器,各个总线设备均具有自己的智能功能。据此,KNX 可以部署为分散式系统且无须中央监控单元(如计算机等)。然而,必要时,安装在计算机上的可视化控制软件也可以承担中央功能(如监控功能)。

3.2.4　KNX 系统

KNX 总线设备(见图 3.3)可以是传感器也可以是执行器,用于控制楼宇的照明、遮光/百叶窗、保安系统、能源管理、供暖、通风、空调系统、信号和监控系统、服务界面及楼宇控制系统、远程控制、计量、视频/音频控制、大型家电等。

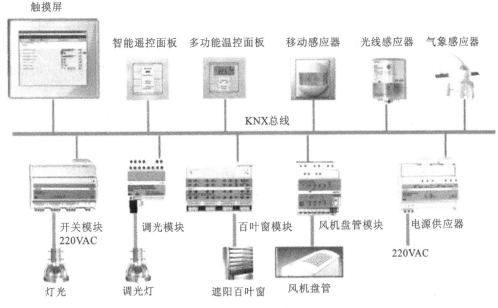

图 3.3　KNX 总线设备

总线设备基本上可以分为三个种类:传感器、执行器和控制器。

(1)如果是传感器,则应用模块可以将信息传送给总线耦合器。总线耦合器对这些信息数据进行编码,并将其发送至总线。此后,总线耦合器会在合适的时隙检查应用模块的状态。

（2）如果是执行器，则总线耦合器负责接收来自总线的报文，对它们进行解码，并将解码后的信息传送给应用模块。

（3）控制器则负责传感器与执行器之间的交互（如逻辑模块）。

若为 S 模式兼容 KNX 设备，则为总线耦合器加载应用模块合适的应用程序之后，该设备就可以获得自身的具体功能。总线耦合器上安装的 S 模式兼容 KNX 按钮，在通过 ETS 为该设备编制了合适的应用程序之后，仅能产生调光信号。

通常，E 模式兼容 KNX 设备在发货之前就已经加载了应用程序。此类 KNX 设备的链接和相关参数设置可以通过合适的硬件设置或者中央控制器完成。

3.3 BACnet

3.3.1 BACnet 的概念

BACnet 是"building automation and control networks"的缩写，它是针对楼宇自控领域的标准，制定这个标准的目的是使不同生产商提供的控制设备能够互操作，也使业主不再依赖特定的私有技术。BACnet 是暖通空调行业唯一的国际标准。

BACnet 的研发工作始于 1987 年，专门在美国暖通空调和制冷工程师协会（ASHREA）下面成立了 BACnet 标准设计委员会（SPC135）并在美国召开了第一次会议。历经八年半的发展，由 12 个国家的 81 位专家提出了 741 条建议并进行了 3 次公众发布。1995 年 6 月，BACnet 由美国暖通空调和制冷工程师协首次发布，并于当年成为美国国家标准。BACnet 产品适用于 HVAC、消防、照明、安防等领域，可用的产品包括控制器、网关、路由器和诊断工具等。

BACnet 是开放的标准，就实现的复杂程度而言，BACnet 确实是重型协议。但是，对于特定的应用范围来说，BACnet 是可裁剪的。因此，BACnet 同样也适合一些低成本的应用，如网络型温度传感器，用 8 位单片机就可以实现了。每台 BACnet 设备都要提供一份"协议实现一致性声明"来说明自己实现了哪些内容。

3.3.2 BACnet 的参考模型

BACnet 协议栈网络通信是一个复杂的过程，人们对复杂问题的处理办法通常是把它们分解为若干简单问题，然后分别处理。基于同样的思路，便提出了一种通用的网络分层模型，它就是 OSI（开放系统互连）模型。该模型将网络通信协议分解为 7 层，BACnet 通信协议引用了其中的 4 层，如表 3.2 所示。

表 3.2　BACnet 协议体系结构层次

BACnet 协议体系结构层次	对应的 OSI 层次	
BACnet 应用层	应用层	7
BACnet 网络层	网络层	3
IEEE802.2、MS/TP（主从/令牌传递）、PTP（点到点）、LonTalk	数据链路层	2
IEEE802.3、Ethernet ARCNET、EIA-485、EIA-232、LonTalk	物理层	1

1. 物理层

物理层的作用是为不同设备间的数据流传输提供物理通路。BACnet 物理层支持多种通信介质。其中 ISO/IEC 8802-3 也是国际标准,就是通常说的以太网,BACnet 引用了该标准,通常称为"BACnet Ethernet"。由于在数据链路层协议 PTP 中已经进行了脱字符处理,所以 EIA-232 可以支持本地连接,也可以支持"Modem＋电话线路"这种远程连接方式。BACnet 也引用 LonTalk 协议作为自己的物理层和链路层,LonTalk 协议经 Echelon 公司修订和补充后,作为参考包含在 BACnet 协议中,想要将 BACnet 做成包含 LonTalk 协议的人,需要获得 Echelon 公司的 OEM 许可。BACnet 协议不支持 LonTalk 的身份认证。BVLL 和 UDP/IP 采用成熟的 UDP/IP 协议加上虚拟链路层作为 BACnet 的物理层和链路层,适合通过国际互联网通信,通常称为"BACnet IP"。

2. 数据链路层

数据链路层的主要工作是维护链路连接,实现无差错传输。BACnet 的数据链路层引用了 ISO/IEC 8802-2 标准(逻辑连接控制),同时还定义了 MS/TP 和 PTP 两种新的数据链路层协议。数据链路层将网络层下发的数据打包,计算出校验码,添上合适的链路层数据头,有序地下发到物理层。同时,解析物理层接收到的数据,对数据进行校验,然后上传网络层。

BACnet 的数据链路层协议种类较多,相互差别很大,在这里着重介绍数据链路层协议 MS/TP。MS/TP 是建立在主从通信基础上的无主通信方式。如果只观察 MS/TP 的一个通信片段,它确实是主从通信,这也是 MS/TP 中"MS"的含义(master slave)。如果观察全部通信过程,我们会发现,它实际上是无主通信,其中的关键就是另外两个字母"TP"的含义(token passing)。通俗地说,就是大家轮流做主,令牌传到谁的手里,谁就做主,没有令牌的做从,令牌在这里就是一个标志。

3. 网络层

网络层的作用是屏蔽不同链路层的差异,屏蔽网络拓扑结构,向应用层提供一致的服务。在 BACnet 网络中,通过网络号和物理地址可以定位一台唯一的 BACnet 设备。网络层要根据应用层提供的数据(包括网络号和物理地址)寻找合适的路由,将数据打包,下发到数据链路层,同时将数据链路层上传的数据解包,解析出源网络号、源物理地址和数据,然后上传应用层。

网络层还有一个重要功能,就是路由。如果一台 BACnet 设备能够同时连接两个网络,并提供路由功能,那么它必须在网络层支持多种路由服务。例如,"who is router to network"(谁是到网络××的路由)、"initialize routing table"(初始化路由表)等,这些服务必须在网络层被处理,不能上传到应用层。一台专用的 BACnet 路由器可以没有应用层。

4. 应用层

应用层的主要任务是信息的编码和解码、信息的处理及信息分段,同时提供一组 API,使应用程序可以访问其他设备。BACnet 在应用层引用了 ISO/IEC 8824(抽象语法记法)和 ISO/IEC 8825(基本编码规则)进行数据包的编码和解码。设备执行的所有服务都在应用层处理。如果应用程序需要访问其他设备,可以调用应用层的 API,这时应用层根据调用类型和参数发起响应的服务,如果发起的服务需要响应,则有两种处理方式,一种是直到得到响应或超时调用才返回,另一种是调用立即返回,得到响应或超时后以回调方式通知应用程序。

3.3.3　BACnet 的应用案例

BACnet 系统网络结构可分为三级。第一级为中央工作站,即控制中心。中央工作站设在控制中心机房内。中央工作站系统由计算机主机、显示器及打印机组成,是 BAS 的核心,整个大楼内所受监控的机电设备都在这里进行集中管理和显示,它可以直接和以太网相连。第二级为直接式数字控制器。第三级为采集现场信号的传感器和执行机构。直接数字控制器、传感器及执行机构随被控设备就近设置。

管理层网络支持 TCP/IP 协议,中央工作站可以通过网络把信息传送到任何需要的地方。现场控制网络则采用符合 BACnet 通信协议的网络,同时现场控制器可以独立于网络完成控制功能。BACnet 系统网络结构如图 3.4 所示。

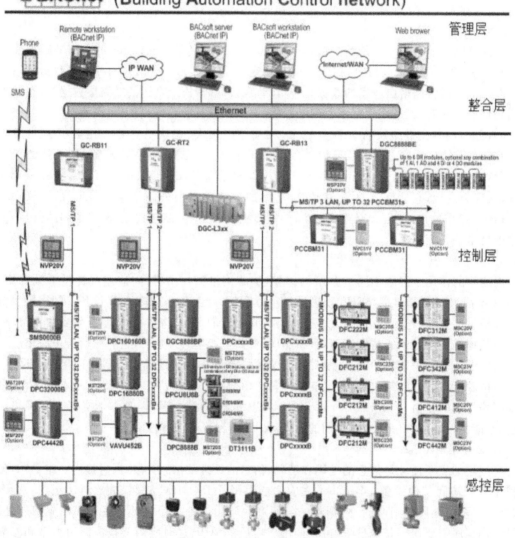

图 3.4 BACnet 系统网络结构

主干网为当今最为流行的以太网。BACtalk 工作站、网络控制器、路由器都直接挂在主干以太网上,系统规模不受限制。

网络控制器(或路由器)通过 MS/TP 网连接现场单元控制器(DDC 控制器)。MS/TP 网采用 EIA-485 信号标准,传输速率为 76.0 kb/s,传输介质为屏蔽双绞线。MS/TP 网是一种低成本、高性能的局域网。BACtalk 系统的一个 MS/TP 网段最多可以挂 127 个 BACtalk 现场 DDC 控制器;一个 MS/TP 网段的最长达 4000 英尺(约 1000 m),使用网络转发器(repeater)可以使网段延长至 20 000 英尺(约 5000 m)。

BACtalk 系统支持 PTP 连接:EIA-232 信号标准直接电缆连接或调制解调器拨号连接。

自带 BACnet 协议标准的任何厂家及任何设备都可以挂到 BACtalk 系统的以太网或者 MS/TP 网上;BACtalk 系统软件同时支持 ActiveX,凡是能够在 Visual Basic 上处理的数据,都可以在 BACtalk 系统中处理、监视和控制。

3.4　Modbus

3.4.1　Modbus 的概念

Modbus 协议是应用于电子控制器上的一种通用语言。通过此协议,控制器相互之间、控制器经由网络(如以太网)和其他设备之间可以通信。Modbus 协议已经成为通用的工业标准。有了 Modbus 协议,不同厂商生产的控制设备可以连成工业网络,进行集中监控。

Modbus 协议使用主-从技术,即仅一设备(主设备)能初始化传输(查询),其他设备(从设备)根据主设备查询提供的数据做出相应反应。典型的主设备是主机和可编程仪表。典型的从设备是可编程控制器。查询-回应周期如图 3.5 所示。

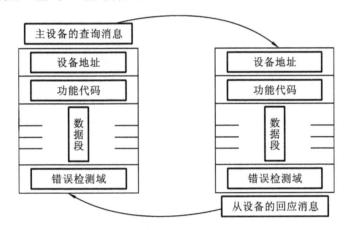

图 3.5　查询-回应周期

1. 查询

查询消息中的功能代码告之被选中的从设备要执行何种功能。数据段包含了从设备要执行功能的任何附加信息。例如,功能代码"03"是要求从设备读保持寄存器并返回它们的内容。数据段必须包含要告之从设备的信息:从什么寄存器开始读及要读的寄存器数量。错误检测域为从设备提供了一种验证消息内容是否正确的方法。

2. 回应

如果从设备产生一正常回应,则在回应消息中的功能代码是在查询消息中的功能代码的回应。数据段包含了从设备收集的数据,如寄存器值或状态等。如果有错误发生,功能代码就会被修改以用于指出回应消息是错误的,同时数据段包含了描述此错误信息的代码。错误检测域允许主设备确认消息内容是否可用。

3.4.2 Modbus 的案例

楼宇自控系统是将建筑物或建筑群内的变配电、照明、电梯、空调、供热、给排水、消防、安保等众多分散设备的运行状况、安全状况、能源使用状况及节能管理实行集中监控、管理和分散控制的建筑物管理与控制系统。BACnet IP 就是针对楼宇设备种类多样性的特点而制定的,它是BAS 的信号传输与数据通信的统一通信协议。然而,在上述各种子系统中设备接口不一,既有标准的 Modbus RTU/ASCII、Modbus TCP,也有 RS485/RS232 串口非标准协议等。

某智能楼宇项目弱电工程涉及综合布线系统、计算机网络系统、通信系统(包括程控交换机系统、内部无线对讲系统、综合无线覆盖系统)、安全防范系统(包括闭路电视监控系统、门禁系统及车库管理系统)、楼宇设备控制系统(包括 VAV 控制系统、远程抄表系统)、信息发布及查询系统、智能化弱电集成系统、机房工程系统,几乎包括了智能建筑中所有的弱电子系统。该项目中应用多款转换产品(Modbus 转 BACnet IP 网关 BAM-360、Modbus 转 Modbus TCP 网关 ENB-301MT、485 转 Modbus 网关 SS-431 等几款产品),将现场各种协议接口的系统和现场设备最终连接到 BACnet/IP 系统,如图 3.6 所示。

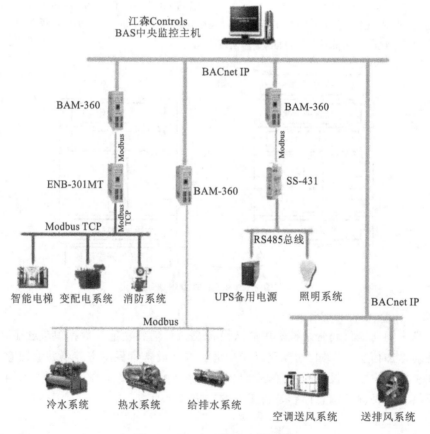

图 3.6 Modbus 协议应用案例

在该监控系统中,整栋大楼的变配电、照明、电梯、空调、供热、给排水、消防、安保等设备的监控数据集中传输到中央控制系统,主要实现的是节能控制及人性化控制。

3.5　ZigBee

3.5.1　ZigBee 的特点

ZigBee 译为"紫蜂",它与蓝牙类似,是一种新兴的短距离无线通信技术,用于传感控制。由 IEEE 802.15 工作组提出,并由其 TG4 工作组制定规范。2001 年 8 月,ZigBee Alliance 成立。2004 年,ZigBee V1.0 诞生,它是 ZigBee 规范的第一个版本;由于推出仓促,存在一些错误。2006 年,推出 ZigBee 2006,比较完善。2007 年底,ZigBee PRO 推出。2009 年 3 月,ZigBee RF4CE 推出,具备更强的灵活性和远程控制能力。2009 年开始,ZigBee 采用了 IETF 的 IPv6/6LoWPAN 标准作为新一代智能电网 Smart Energy Profile 2.0(SEP 2.0)的标准,致力于形成全球统一的易于与互联网集成的网络,实现端到端的网络通信。随着美国及全球智能电网的建设,ZigBee 将逐渐被 IPv6/6LoWPAN 标准所取代。

ZigBee 的底层技术基于 IEEE 802.15.4,其物理层和媒体访问控制层直接使用了 IEEE 802.15.4 的定义。

3.5.2　ZigBee 的开放参考模型

ZigBee 是由 ZigBee Alliance(ZigBee 联盟)制定的无线网络协议,是一种近距离、低功耗、低数据速率、低复杂度、低成本的双向无线接入技术,主要适用于自动控制和远程监控领域。ZigBee 联盟在制定 ZigBee 标准时,采用了 IEEE802.15.4 协议作为其物理层和媒体接入层规范。在其基础之上,ZigBee 联盟制定了网络层(NWK)和应用编程接口(API)规范,并负责高层应用、测试和市场推广等方面的工作。ZigBee 的开放参考模型如图 3.7 所示。

图 3.7　ZigBee 的开放参考模型

1. 物理层

IEEE802.15.4 定义了两个物理层标准,分别是 2.4 GHz 物理层和 868/915 MHz 物理层。两个物理层都基于 DSSS(direct sequence spread spectrum,直接序列扩频)技术,使用相同的物理层数据包格式,但工作频率、调制技术、扩频码片长度和传输速率不同。2.4 GHz 波段为全球统一的无须申请的 ISM 频段,划分成 16 个信道,采用了 16 进制正交调制,用码片长度为 8 的伪随机码直接扩频技术,能够提供 250 kb/s 的传输速率。868 MHz 频段是欧洲的 ISM 频段,有 1 个信道,数据传输速率为 20 kb/s。915 MHz 频段是美国的 ISM 频段,划分为 10 个信道,数据传输速率为 40 kb/s。868 MHz 和 915 MHz 频段均采用了差分编码的二进制移相键控

（BPSK）调制，用码片长度为 15 的 M 序列直接扩频。这两个频段的引入避免了 2.4 GHz 附近各种无线通信设备的相互干扰。物理层的主要功能有数据调制、射频收发器的激活和休眠、信道能量检测、信道接收数据包的链路质量指示、空闲信道评估、数据收发等。ZigBee 的信道如表 3.3 所示。

表 3.3　ZigBee 的信道

国　　别	频　　率	传输速率	信　　道
美国	915 MHz	40 kb/s	Channels 1～10 ┤ ├─ 2 MHz 902 MHz　　　　928 MHz
欧洲	868 MHz	20 kb/s	Channel 0 868.3 MHz
全球统一	2.4 GHz	250 kb/s	Channels 11～26 ─┤ ├─ 5 MHz 2.4 GHz　　　　2.4835 GHz

2. 数据链路层

数据链路层负责数据成帧、帧检测、介质访问和差错控制等。IEEE 802 系列标准把数据链路层分为媒质接入子层 MAC 和逻辑链路控制子层 LLC。MAC 子层依赖物理层提供的服务实现设备之间无线链路的建立与拆除、数据帧传输等；LLC 子层在 MAC 子层的基础上，为设备提供连接服务，由 IEEE 802.6 定义，为 IEEE 802 系列标准所公用。链路层通过两个服务访问点（SAP）访问高层，通用部分 SAP（MCPS-SAP）访问数据服务，管理实体 SAP（MLME-SAP）访问管理服务。ZigBee/IEEE 802.15.4 网络的所有节点都在同一个信道上工作，当邻近的节点同时发送数据时就有可能发生数据冲突。为此，MAC 层采用了载波侦听/冲突检测（CSMA/CA）技术来避免数据发生冲突。简单来说，就是在节点发送数据之前先监听信道，如果信道空闲则可以发送数据，否则就要进行随机的退避，即延迟一段随机时间，然后再进行监听，通过这种信道接入技术，所有节点竞争、共享同一个信道。IEEE 802.15.4 的 MAC 层定义了 4 种基本帧结构。

（1）信标帧：供协商者使用。

（2）数据帧：承载所有的数据。

（3）响应帧：确认帧的顺利传送。

（4）MAC 命令帧：用来处理 MAC 对等实体之间的控制传送。

MAC 子层功能具体包括：协调器产生并发送信标帧，普通设备根据协调器的信标帧与协调器同步；支持网络的关联和取消关联；支持无线信道的通信安全；使用 CSMA-CA 机制；支持保护时隙（GTS）机制；支持不同设备的 MAC 层之间的可靠传输。LLC 子层功能包括：传输可靠性的保障和控制；数据包的分段与重组；数据包的顺序传输。

3. 网络层

ZigBee 网络层主要包含以下功能：动态网络拓扑结构的建立和维护，以及网络寻址、路由选择、邻居发现和网络安全等。当网络采用网状网结构时,网络具有自组织、自维护功能。

1) 网络节点

ZigBee 网络定义了三种节点类型:协调器、路由器和终端设备。协调器和路由器必须是全功能器件(FFD:full function device)。终端设备可以是全功能器件,也可以是简约器件(RFD:reduce function device)。一个 ZigBee 网络只允许有一个协调器,也称为 ZigBee 协调点。协调点是一个特殊的 FFD,它具有较强的功能,是整个网络的主要控制者,它根据网络的最大深度、每个路由器能最多连接子设备的数目、每个路由器能最多连接子路由器的数目等参数建立新的网络,发送网络信标,管理网络中的节点及存储网络信息等。RFD 的应用相对简单,如在传感器网络中,它们只负责将采集的数据信息发送给它的协调点,不具备数据转发、路由发现和路由维护等功能。RFD 占用资源少,需要的存储容量也小,在不发射和接收数据时处于休眠状态,因此成本低、功耗低。FFD 除具有 RFD 功能外,还具有路由功能,可以实现路由发现、路由选择,并转发数据分组。

一个 FFD 可以和另一个 FFD 或 RFD 通信,而 RFD 只能和 FFD 通信,RFD 之间是无法通信的。一旦网络启动,新的路由器和终端设备就可以通过路由发现、设备发现等功能加入网络。当路由器或终端设备加入 ZigBee 网络时,设备间的父子关系(或从属关系)即形成,新加入的设备为子,允许加入的设备为父。ZigBee 中,每个协调点最多可连接 255 个节点,一个 ZigBee 网络最多可容纳 65 535 个节点。

2) 网络拓扑

ZigBee 网络的拓扑结构主要有三种:星形网、网状(Mesh)网和混合网。

星形网是由一个协调点和一个或多个终端节点组成的。协调点必须是 FFD,它负责发起建立和管理整个网络,其他的节点(终端节点)一般为 RFD,分布在协调点的覆盖范围内,直接与协调点进行通信。星形网的控制和同步都比较简单,通常用于节点数量较少的场合。

网状网(Mesh 网)一般是由若干个 FFD 连接在一起形成的,FFD 之间是完全的对等通信,每个节点都可以与它的无线通信范围内的其他节点通信。Mesh 网中,一般将发起建立网络的 FFD 节点作为协调点。Mesh 网是一种高可靠性网络,具有自恢复能力,它可为传输的数据包提供多条路径,一旦一条路径出现故障,则存在另一条或多条路径可供选择。

3) 网络路由

ZigBee 网络层的路由功能主要为网络连接提供路由发现、路由选择、路由维护功能,路由算法是它的核心。目前,ZigBee 网络层主要支持两种路由算法:树路由和网状网路由。树路由采用一种特殊的算法,具体可以参考 ZigBee 的协议栈规范。它把整个网络看作是以协调器为根的一棵树,整个网络由协调器建立,而协调器的子节点可以是路由器或者是末端节点,路由器的子节点也可以是路由器或者末端节点,末端节点相当于树的叶子,没有子节点。树路由利用了一种特殊的地址分配算法,使用四个参数(深度、最大深度、最大子节点数和最大子路由器数)来计算新节点的地址,寻址的时候根据地址计算路径。ZigBee 路由只有两个方向,即向子节点发送或者向父节点发送。树路由不需要路由表,能节省存储资源,但缺点是很不灵活,浪费了大量的地址空间,并且路由效率低。ZigBee 还有一种路由算法,即网状网路由,这种方法实际上是 Ad-Hoc 按需路由算法的一个简化版本,是一种基于距离矢量的按需路由算法,非常适合于低成本的无线自组织网络的路由。它可以用于较大规模的网络,需要路由表,会耗费一定的存储资源,但往往能达到最优的路由效率,而且使用灵活。

3.5.3 ZigBee 的技术特征

工业无线网络的数据链路层协议需要充分考虑极端的工业无线通信环境、多样化信息的实时通信、休眠等节能机制,满足更为严格的可靠性、实时性和节能性要求。以下是 ZigBee 几个典型的网络性能。

1. 可靠

采用了碰撞避免机制,同时为需要固定带宽的通信业务预留了专用时隙,避免了发送数据时的竞争和冲突。MAC 层采用了完全确认的数据传输机制,每个发送的数据包都必须等待接收方的确认信息。

2. 成本低

首先,ZigBee 协议免专利费;其次,ZigBee 网络距离短、功耗低,可以降低网络的成本。

3. 时延短

网络时延是指终端节点发出请求到其接收到回答信息所需要的时间。ZigBee 网络针对工业通信对时延敏感的应用做了优化,通信时延和从休眠状态激活的时延都非常短。设备搜索时延典型值为 30 ms,休眠激活时延典型值为 15 ms,活动设备信道接入时延为 15 ms。

4. 网络容量大

一个 ZigBee 网络最多可以容纳 254 个从设备和一个主设备,一个区域内可以同时存在 100 个 ZigBee 网络。

5. 安全

ZigBee 网络,特别是网状网规模庞大,节点数目多,网络拓扑结构变化快,因此其在安全性能上面临着更大的挑战。ZigBee 联盟在网络安全方面提供了数据完整性检查和鉴权功能,加密算法采用 AES-128,各个网络应用可以灵活确定其安全属性。

3.6 其他协议标准

3.6.1 Z-Wave

Z-Wave 技术主要用于住宅、照明商业控制及状态读取等方面。例如,照明及家电控制、HVAC、接入控制、防盗及火灾检测等。Z-Wave 无线通信技术的工作频带为 908.42 MHz(美国)~868.42 MHz(欧洲),采用 FSK (BFSK/GFSK)调制方式,数据传输速率为 9.6 kb/s,信号的有效覆盖范围在室内是 30 m,在室外可超过 100 m。每个 Z-Wave 网络都拥有自己独立的网络地址(Home ID)。网络内每个节点的地址(Node ID)由控制节点分配。每个网络最多容纳 232 个节点,包括控制节点在内。控制节点可以有多个,但只有一个主控制节点,即所有网络内节点的分配都由主控制节点负责,其他控制节点只是转发主控制节点的命令。对于已入网的普通节点,所有控制节点都可以控制。超出通信距离的节点,可以通过控制器与受控节点之间的其他节点,以路由的方式完成控制。

1. 低功耗

在控制及信息交换中通信量较低,完全可采用电池供电,降低了家用设备的运行功耗。同时,点对点互相沟通,不会因为一个节点故障而影响其他节点工作,每个节点都可作为中继设备

（电池设备除外）。另外，不像其他 RF 技术一样使用公共频带进行传输，而是采用双向应答式的传送机制来减少失真和干扰。

2. 覆盖性

控制系统一般都受距离及可靠性的限制，因此以往大部分可靠性控制系统需要有线连接做中继来确保覆盖。Z-Wave 支持网状多点对多点的连接方式，可提供更高的可靠性，设备与设备之间可互传信息及互控。

3.6.2 Wi-Fi 和 WPAI

当前全球无线局域网领域仅有的两个标准，分别是美国行业标准组织提出的 IEEE 802.11 系列标准（俗称 Wi-Fi，包括 IEEE 802.11a/b/g/n/ac 等）和中国提出的 WAPI 标准。WAPI 是我国首个在计算机宽带无线网络通信领域自主创新并拥有知识产权的安全接入技术标准。

WAPI 是中国无线局域网强制性标准中的安全机制，与 IEEE 802.11 传输协议是同一领域的技术。WAPI 与红外线、蓝牙、GPRS、CDMA1X 等协议一样，是无线传输协议的一种，所不同的是 WAPI 是无线局域网中的一种传输协议。与 Wi-Fi 的单向加密认证不同，WAPI 双向均认证，从而保证传输的安全性。WAPI 安全系统采用公钥密码技术，鉴权服务器 AS 负责证书的颁发、验证与吊销等，无线客户端与无线接入点 AP 上都安装有 AS 颁发的公钥证书，可作为其数字身份凭证。当无线客户端登录至无线接入点 AP 时，在访问网络之前，必须通过鉴别服务器 AS 对双方进行身份验证。根据验证的结果，持有合法证书的移动终端才能接入持有合法证书的无线接入点 AP。

Wi-Fi 是"wireless fidelity"的简称，一种能够将个人电脑、手持设备（如 PDA、手机）等终端以无线方式互相连接起来的技术。它是一个无线网络通信技术的品牌，由 Wi-Fi 联盟（Wi-Fi Alliance）所持有，目的是改善基于 IEEE 802.11 标准的无线网络产品之间的互通性。使用 IEEE 802.11 系列协议的局域网就称为 Wi-Fi。它的最大优点就是传输速率大，可以达到 54 Mb/s，另外，它的有效距离也很长，其主要特性为：速率大、可靠性高。在开放性区域，通信距离可达 305 m；在封闭性区域，通信距离为 76～122 m，方便与现有的有线以太网络整合，组网的成本更低。Wi-Fi 技术突出的优势在于：其一，无线电波的覆盖范围广，Wi-Fi 的覆盖半径可达 100 m，办公室自不用说，在整栋大楼中均可使用；其二，传输速率大，可以达到 11 Mb/s，符合个人和社会信息化的需求。

WLAN 与有线网络相比具有以下优势。

1. 无须布线

WLAN 最主要的优势在于不需要布线，可以不受布线条件的限制，因此非常符合移动办公用户的需要，具有广阔的市场前景。

2. 健康安全

无线网络并非像手机那样直接接触人体，对于人体来说，无线网络对健康的影响很小。

3. 组建简单

一般架设无线网络的基本配备就是无线网卡及一台 AP，如此便能以无线的模式配合既有的有线架构来分享网络资源，架设费用和复杂程序远远低于传统的有线网络。如果只是几台电脑的对等网，也可不要 AP，只需要给每台电脑配备无线网卡即可。AP 为"access point"的简称，一般翻译为"无线访问节点"或"桥接器"。它主要在媒体存取控制层 MAC 中扮演无线工作站与有线局域网络之间的桥梁。有了 AP,无线工作站就可以快速且轻易地与网络相连。

3.6.3 蓝牙

蓝牙技术作为无线接入方式的一种,是实现语音和数据无线传输的开放性通信标准。蓝牙技术使低带宽无线连接变得简单易行,从而可以轻松融入我们的日常生活。蓝牙技术应用的一个简单例子便是更新手机的电话号码簿。今天,人们还需要人工输入电话号码簿的姓名和电话号码,或者在电话和计算机之间采用线缆或 IR 连接,启动应用来同步联络信息,而采用蓝牙技术,这些都可以在电话进入与计算机通信的范围内时自动完成。当然,蓝牙的功能还在不断扩展,蓝牙现已可以自动进行日历、工作表、备忘录、电子邮箱等的同步和更新。

蓝牙的标准是 IEEE 802.15,工作在 2.4 GHz 频带,以时分方式进行全双工通信,其基带协议是电路交换和分组交换的组合。一个跳频频率发送一个同步分组,每个分组占用一个时隙,使用扩频技术也可扩展到 5 个时隙。同时,蓝牙支持 1 个异步数据通道或 3 个并发的同步话音通道,或 1 个同时传送异步数据和同步话音的通道。每一个话音通道支持 64 kb/s 的同步话音;异步通道支持最大速率为 721 kb/s、反向应答速率为 57.6 kb/s 的非对称连接,或者是 432.6 kb/s 的对称连接。

蓝牙传输有 3 种距离等级:class1 约为 100 m,class2 约为 10 m,class3 为 2~3 m。一般情况下,其正常的工作范围是 10 m 半径之内。在此范围内,可进行多台设备间的互联。蓝牙技术的特点包括:

(1) 采用跳频技术,数据包短,抗扰信号衰减能力强;

(2) 采用快速跳频和前向纠错方案以保证链路稳定,减少同频干扰和远距离传输时的随机噪声影响;

(3) 使用 2.4 GHz ISM 频段,无须申请许可证;

(4) 可同时支持数据、音频、视频信号;

(5) 采用 FM 调制方式,降低设备的复杂性。

3.7 扩展阅读——智能家居标准的发展趋势

标准化工作对智能家居行业发展至关重要,值得庆幸的是,目前智能家居相关的标准比较多,各种标准之间的竞争也比较激烈。这些标准对行业的发展起到了极大的促进作用。但是,从信息的属性来看,目前行业里仍然没有完备的标准体系,各项标准之间相互作用形成了行业发展的合力。

由于行业标准比较多(如 KNX、ZigBee)等,行业企业在研发产品时,必须考虑多种标准的市场需求,因此开发的产品种类比较多。行业希望所有企业都遵从一种标准,减少企业研发的重复性工作。根据信息技术标准化的发展规律,智能家居标准未来的发展趋势如下。

1. 多种技术共存并相互融合

通过竞争,智能家居领域的标准会减少,但在很长一个时期内,会有多种技术标准共存。因为智能家居产品在通信可靠性、功耗、使用成本等方面要求特殊,很难有一种技术能满足其全部的要求。这些标准会通过某种技术相互融合,最终实现不同产品的互联互通和互操作。例如,ZigBee 技术与 Modbus 技术通过转接设备在 TCP/IP 层实现互联,通过中间件技术实现互操作。

2. 标准引导智能家居产品更加实用

对于目前中国的普通用户家庭,某些智能家居产品的功能不是很实用,不能满足普通老百姓的实际需求。在某些方面,智能家居产品甚至是企业营销的噱头。智能家居产品标准将逐步规范智能家居产品的质量,过滤虚假需求,保证行业健康发展。例如,智能家电产品的标准,规定了智能家电应具有的功能、所能达到的性能指标,杜绝了商家概念性的宣传炒作。

3. 标准化贯穿行业全产业链

智能家居产品采用的技术方案,决定了智能家居产品制造、销售和施工的方式。因此,标准的设计必须贯穿智能家居行业全产业链,从基础的通信芯片指标、智能家居产品性能,到工程设计、集成施工都应采用同一的标准体系。例如,目前 ZigBee 标准体系中,如果再能增加工程设计、项目验收的标准,则产品的可靠性会更高。

4. 中国团体标准发挥积极作用

在我国,标准按照制定者分为国家标准、行业地方标准、团体标准、企业标准。其中,国家标准中的强制标准主要规范与产品安全相关的内容。行业地方标准服务于地方企业和地方经济。团体标准服务于团体内部的单位。企业标准服务于企业内部。在这些标准中,团体标准活力足、效率高、技术新,容易落地,推广周期短,发挥着越来越大的作用,也得到了社会的普遍认可。例如,CSHIA 的团体标准,从标准提出到推广落地耗时 1～2 个月,修订周期为 1 年。国家标准从提出到发布,需要 2～3 年的时间。

第4章
智能家居系统设计

4.1　智能家居系统

4.1.1　智能家居系统设计理念

如图 4.1 所示,智能家居系统从实现的功能上来看应包括设备管理、光线管理、温度管理、健康管理、能耗管理和安全管理等六大类基本功能,并可通过家庭云平台实现远程控制。智能家居设计的核心在于设计理念及经营者的心态,要了解市场目标客户真正的需要,如果只注重签单,不设身处地地为客户着想,提供片面的智能家居解决方案,而不考虑客户的适用性,不仅会降低智能家居的应用效果,还不利于整个智能家居行业的发展。智能家居控制系统的经营商更要本着客户至上、一切从客户利益出发的理念,以认真、负责、诚信的态度,真正从客户的实际需求出发,用心服务,用心为客户做智能家居控制设计和解决方案,让客户花最少的钱得到最大化的实惠,这才是企业的发展之道,才是智能家居行业健康的发展之道。

图 4.1　智能家居系统概念图

4.1.2　智能家居系统设计原则

一个住宅小区智能化系统的成功与否,并非仅仅取决于智能化系统的多少、先进性或集成度,而更多地取决于智能化系统的设计和配置是否经济合理并且智能化系统能否成功运行,智能化系统的使用、管理和维护是否方便,智能化系统或产品的技术是否成熟适用。换句话说,就是如何以最少的投入、最简便的实现途径来换取最大的功效,实现便捷、高质量的生活。为了实现上述目标,智能家居系统设计时要遵循以下原则。

1. 实用便利

智能家居最基本的目标是为人们提供一个舒适、安全、方便和高效的生活环境。对于智能家居产品来说,最重要的是以实用为核心,摒弃那些华而不实、只能充作摆设的功能,产品以实用性、易用性和人性化为主。

在设计智能家居系统时,应根据用户对智能家居功能的需求,整合最实用、最基本的家居控制功能,包括智能家电控制、智能灯光控制、电动窗帘控制、防盗报警、门禁对讲、煤气泄露等,同时拓展诸如三表抄送、视频点播等服务增值功能。个性化智能家居的控制方式丰富多样,如本地控制、遥控控制、集中控制、手机远程控制、感应控制、网络控制、定时控制等,其本意是让用户摆脱烦琐的事务,提高效率,如果操作过程和程序设置过于烦琐,则容易让用户产生排斥心理。所以在对智能家居进行设计时,一定要充分考虑到用户体验,注重操作的便利化和直观性,最好能采用图形化的控制界面,让操作所见即所得。

2. 可靠性

整个建筑的各个智能化子系统应能二十四小时运转,必须对系统的安全性、可靠性和容错能力予以高度重视。对各个子系统,在电源、系统备份等方面采取相应的容错措施,保证系统正常、安全运行,质量、性能良好,具备应付各种复杂环境变化的能力。

3. 标准性

智能家居系统方案的设计应依照国家和地区的有关标准进行,确保系统的扩充性和扩展性,在系统传输上保证不同产商之间的系统可以兼容与互联。系统的前端设备是多功能的、开放的、可以扩展的设备。例如,系统主机、终端与模块采用标准化接口设计,可为智能家居系统的外部厂商提供集成的平台,而且其功能可以扩展,当需要增加功能时,不必再开挖管网,简单可靠、方便节约。设计选用的系统和产品能够使本系统与未来不断发展的第三方受控设备进行互通互连。

4. 方便性

布线直接关系到成本、可扩展性、可维护性等方面问题,一定要选择布线简单的系统,施工时可与小区宽带一起布线,简单、容易;设备方面容易学习掌握、操作和维护简便。系统在工程安装调试中的方便性也非常重要。智能家居系统有一个显著的特点,就是安装、调试与维护的工作量非常大,需要投入大量的人力、物力,这也成为制约行业发展的瓶颈。针对这个问题,系统在设计时,就应考虑安装与维护的方便性,如系统可以通过 Internet 远程调试与维护。通过网络,不仅使用户能够实现智能家居系统的控制功能,还允许工程人员远程检查系统的工作状况,对系统出现的故障进行诊断。这样,系统设置与版本更新便可以在异地进行,从而大大简化了系统的应用与维护,提高了响应速率,降低了维护成本。

5. 轻巧型

智能家居产品要尽可能地做到轻巧、简单和实用,以方便用户使用为前提。

4.1.3 智能家居子系统

智能家居系统包含的主要子系统有安防监控子系统、照明子系统、电动控制子系统、影音多媒体子系统、家居环境子系统、网络覆盖子系统和家居综合布线子系统等,以后可扩展到全宅智能家电系统。智能家居产品组成如图 4.2 所示。

根据 2012 年 4 月 5 日中国室内装饰协会智能化装饰专业委员会发布的《智能家居系统产品分类》指导手册的分类依据,可用于智能家居设计的智能产品共有二十类,具体如下。

(1) 控制主机(集中控制器)。

(2) 智能照明系统。

(3) 电器控制系统。

(4) 家庭背景音乐。

(5) 家庭影院系统。

(6) 对讲系统。

(7) 视频监控。

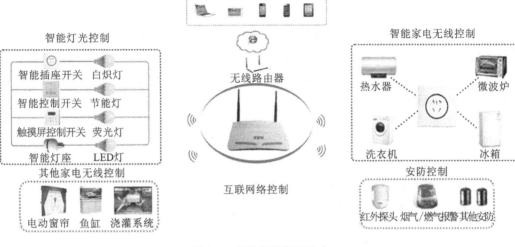

图 4.2　智能家居产品组成

（8）防盗报警。

（9）电锁门禁。

（10）智能遮阳（电动窗帘）。

（11）暖通空调系统。

（12）太阳能与节能设备。

（13）自动抄表。

（14）智能家居软件。

（15）家居布线系统。

（16）家庭网络。

（17）厨卫电视系统。

（18）运动与健康监测。

（19）花草自动浇灌。

（20）宠物照看与动物管制。

4.1.4　功能规划设计

1. 客厅

1）控制设备

灯光控制涉及吊灯、射灯、灯带、背景灯、落地灯、台灯，可以对灯光进行开关控制、调光控制和 LED 灯调色控制。窗帘控制涉及电动开合帘、电动卷帘、电动百叶帘、电动垂直帘、电动罗马帘、电动柔纱帘、电动推窗器等，可以进行开、关、停和行程百分比操作，也可以进行百叶帘调角度操作。多媒体控制涉及电视机、电视机升降架、功放、DVD，可进行开关操作和指定节目源操作，可识别开关状态。空调控制可进行开关、温度、模式、风速等操作。

2）场景模式

主要场景模式有会客开始、观影开始、休闲模式、会客结束、观影结束、离开模式。

3）亮点

（1）全自动观影模式。

忙碌了一天回到家中，坐在客厅沙发上，开合帘将自动关闭，灯光将缓慢地调节到您喜欢的亮度，然后隐藏于电视柜中的电视机将慢慢升起，系统会根据您的习惯自动为您打开喜欢的节目。如果您是一个人观看节目，系统将根据您所坐的位置自动旋转以使得电视机正对着您。

（2）净化吸烟后的空气。

平日家里来的客人在室内吸烟时，系统会通过烟雾传感器自动打开新风系统，改善室内的空气质量。

（3）节能化控制。

开启空调，电动推窗器将自动关闭，以节约能源。

空调节能化控制如图 4.3 所示。

图 4.3 空调节能化控制

2. 书房

1）控制设备

灯光控制涉及射灯、灯带、背景灯、台灯，可以对灯光进行开关控制、调光控制和 LED 灯调色控制。窗帘控制涉及电动开合帘、电动卷帘、电动百叶帘、电动垂直帘、电动罗马帘、电动柔纱帘、电动推窗器等，可以进行开、关、停和行程百分比操作，也可以进行百叶帘调角度操作。多媒体控制可进行开关操作和指定歌曲列表操作，可识别开关状态。空调控制可进行开关、温度、模式、风速等操作。

2）场景模式

主要场景模式有办公模式、阅读模式和休息模式。

3）亮点

舒适与节能的统一，人工照明与自然光照明的科学互补，使得舒适生活与能源节约有效结合。

书房光线管理如图 4.4 所示。

3. 主卧

1）控制设备

灯光控制涉及吊灯、射灯、灯带、背景灯、落地灯、台灯，可以对灯光进行开关控制、调光控制和 LED 灯调色控制。窗帘控制涉及电动开合帘、电动卷帘、电动百叶帘、电动垂直帘、电动罗马帘、电动柔纱帘、电动推窗器等，可以进行开、关、停和行程百分比操作，也可以进行百叶帘调角度操作。多媒体控制涉及电视机、电视机升降架、功放、DVD，可进行开关操作和指定节目源操作，可识别开关状态。空调控制可进行开关、温度、模式、风速等操作。

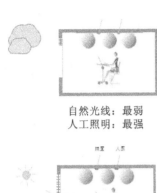

自然光线：最弱　　　　　　自然光线：最强　　　　　　自然光线：适中
人工照明：最强　　　　　　人工照明：最弱　　　　　　人工照明：适中

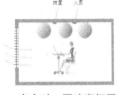
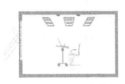

有人时：百叶帘打开，　　　　无人时：百叶帘关闭，
灯打开　　　　　　　　　　灯关闭

图 4.4　书房光线管理

2）场景模式

主要场景模式有睡觉模式、观影模式和起夜模式。

3）亮点

（1）睡眠定时功能。

有时身体疲惫，观影过程中不知不觉进入睡眠状态，而卧室的电视还在播放，通过定时器，可使电视、灯光等自动关闭；而炎热的夏季总会将空调温度调得很低然后入睡，当您熟睡后却希望空调能够将温度调高，现在您只需启用定时功能便可将空调温度调整到合适温度。

（2）打造深度睡眠环境。

午休时间，当您走进卧室关上房门时，系统会为您自动关闭灯光，同时将开合帘关闭，提供如夜晚般的环境，保证睡眠质量。

（3）定时起床功能。

早晨起床的时间到时，轻柔的音乐会缓缓响起，卧室的窗帘会准时自动打开，让温暖的阳光洒入室内，呼唤您开始新的一天。

（4）起夜场景。

深夜起床时，地脚传感器会自动为您启动起夜模式：灯光缓慢亮起到舒适的亮度，避免人的眼睛因突然亮起的强光而感到不适。

4．卫生间

1）控制设备

灯光控制涉及射灯、灯带、背景灯，可以对灯光进行开关控制、调光控制和 LED 灯调色控制。窗帘控制涉及电动铝百叶帘，可以进行开、关、停和行程百分比操作，也可以进行百叶帘调角度操作。多媒体控制涉及镜面电视，可进行开关操作和指定节目源操作，可识别开关状态。空调控制可进行开关、温度、模式、风速等操作。

2）场景模式

主要场景模式有起夜模式、人来灯亮、人走灯灭、方便模式、淋浴模式和泡澡模式。

3）亮点

（1）进入卫生间时，灯光自动为您打开，同时百叶帘的角度合拢以保护您的隐私；当您离开后，灯光关闭，同时百叶帘角度打开通风。

（2）镜面电视的安装使您不再为泡澡和观看电视节目只能选其一而烦恼，更使您在享受舒适的热水浴时不会觉得无聊。

5．儿童房

1）控制设备

灯光控制涉及射灯、灯带、背景灯、落地灯、台灯，可以对灯光进行开关控制、调光控制和LED灯调色控制。窗帘控制涉及电动开合帘、电动卷帘、电动百叶帘、电动垂直帘、电动罗马帘、电动柔纱帘、电动推窗器等，可以进行开、关、停和行程百分比操作，也可以进行百叶帘调角度操作。

2）场景模式

主要场景模式有童话模式、玩耍模式和故事模式。

3）亮点

色彩斑斓的童话生活：LED灯带与背景音乐的结合，使得您的孩子置身于童话般的世界。

关爱孩子的健康：灯光的可调节与窗帘的开关，使得人工照明与自然照明完美结合，保护孩子的眼睛。

6．厨房

1）控制设备

灯光控制涉及射灯、顶灯、背景灯，可以对灯光进行开关控制、调光控制。窗帘控制涉及电动卷帘、电动百叶帘、电动推窗器等，可以进行开、关、停和行程百分比操作，也可以进行百叶帘调角度操作。多媒体控制可以对背景音乐进行开关操作和指定列表源操作，可识别开关状态。空调控制可进行开关、温度、模式、风速等操作。

2）场景模式

主要场景模式有做饭模式、洗涮模式、通风模式、音乐模式和离开模式。

7．影音室

1）控制设备

灯光控制涉及射灯、灯带、背景灯、LED调色灯等，可以对灯光进行开关控制、调光控制和LED灯调色控制。窗帘控制涉及电动卷帘、电动百叶帘、电动开合帘，可以进行开、关、停和行程百分比操作，也可以进行百叶帘调角度操作。多媒体控制涉及投影仪、功放、DVD、媒体播放器等，可进行开关操作和指定节目源操作，可识别开关状态。空调控制可进行开关、温度、模式、风速等操作。

2）场景模式

主要场景模式有观影开始、观影结束、儿童模式和离开模式。

3）亮点

特殊日子里的特殊生活：如在结婚纪念日，有温馨的灯光、悠扬的音乐，可以重温初恋时的感觉。

8．走廊、楼梯

1）控制设备

灯光控制可以缓慢地调亮或调暗灯光。

2）场景模式

主要场景模式有人来灯亮和人走灯灭。

9.阳台

1）控制设备

灯光控制涉及背景灯和顶灯,可以进行开关和调光操作。

电机控制涉及遮阳棚控制、晾衣架、天幕帘,可以进行开、关、停和行程百分比操作。

2）场景模式

主要场景模式有晾衣模式和休闲模式。

3）亮点

在阳光灿烂的日子,系统会自动打开遮阳棚,同时将晾衣架放下。当阴雨绵绵时,系统会自动关闭遮阳棚,并收起晾衣架。

10.花园

1）控制设备

灯光控制涉及花园地灯、花园路灯,可进行开关和调光操作。

电机控制可对遮阳棚进行开、关、停和行程百分比操作。

多媒体控制可在花园中选择播放喜欢的背景音乐。

洒水控制可定时洒水或进行远程控制。

2）场景模式

主要场景模式有散步模式、休息模式和自动洒水。

3）亮点

花园休闲场景:当饭后在屋后的花园里散步时,启动花园休闲场景,轻柔的背景音乐就会响起,营造一种惬意的氛围。

花园照明定时:可以在天色变暗时让花园的灯定时亮起。

花园休息模式:当在庭院享受悠闲的下午时光时,若觉得阳光过于刺眼,只需顺手打开智能家居软件开启遮阳模式即可。

11.车库

无论是刚回到家还是正准备外出,系统都可以及时地打开车库门。

12.其他控制

1）中央控制功能

轻松享受智能生活:场景遥控器或手机可取代过去各种各样的开关控制器,随意控制家中的窗帘、灯光、空调等各种设备。

2）定时控制功能

有规律的生活习惯是健康生活的开始。

4.2　安防监控系统

4.2.1　安防系统概述

智能家居的核心需求在于安全、舒适和健康,因此安防系统是非常重要的子系统。它的目標非常明确，就是保护家庭（人与物品）的安全。从硬件产品上来看，智能家居安防系统是由各种传感器、具有安防功能的产品、网络及网络设备、云服务器等组成，如图 4.5 所示。

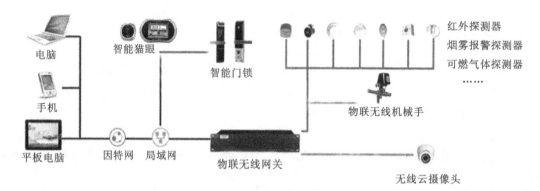

图 4.5　智能家居安防系统

从现有软件系统上来看，如图 4.6 所示，整个智能家居安防系统可分为四大块：智能安防报警系统、智能视频监控系统、智能可视对讲系统、智能门禁管理系统。

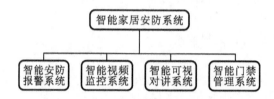

图 4.6　智能家居安防系统架构图

整个智能家居安防系统基本上实现了能看、能说、能听、能记录的功能。

据预测，2018 年中国智能家居市场规模可能将达到 1800 亿元以上。这无疑是一个巨大的数字，也注定将掀起中国智能家居行业的一股新的热潮，而智能家居安防系统作为智能家居的先行部分，必定会加速智能家居的兴起。

可以想象，当智能家居安防系统完全像一个看护人一样，能听懂主人说的话（语音输入），能理解主人的想法（云计算），能精准地判断执行主人的命令（各种高精传感器、家电全智能化）时，定是智能家居大行其道之际（当然，还有一个大环境：智能家居安防系统），那时也许保镖、保姆之类的人群有失业的风险。

在大时代还未到来之时，智能单品仍将是主流。必定能占领市场的产品，才是消费者真正需要的、购买得起的好产品。智能家居安防产品就属于这类产品。

4.2.2　防盗报警系统

1. 红外入侵探测器

红外入侵探测器主要用于防非法入侵，其外形如图 4.7 所示。红外入侵探测器一般采用热释电人体红外传感器，工作原理主要是人体红外线检测。

存在于自然界的物体，如人体、火焰、冰块等都会发射红外线，但波长各不相同。人体温度为 36～37 ℃，所发射的红外线波长为 9～10 μm，属远红外区；400～700 ℃的发热体，所放射出的红外线波长为 3～5 μm，属中红外区。热释电人体红外传感器可昼夜不停地用于监测，广泛

70

图 4.7 红外入侵探测器

用于防盗报警系统。热释电人体红外传感器一般都采用差动平衡结构,由敏感元件、场效应管和高值电阻等组成,如图 4.8 所示。

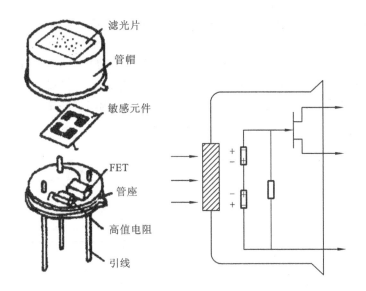

滤光片
管帽
敏感元件
FET
管座
高值电阻
引线

图 4.8 热释电人体红外传感器

敏感元件是用热释电人体红外材料(通常是锆钛酸铝)制成的,先把热释电材料制成很小的薄片,再在薄片两面镀上电极,构成两个串联的有极性的小电容器。将极性相反的两个敏感元件做在同一晶片上,是为了避免环境与自身温度变化对热释电信号产生干扰。热释电人体红外传感器在实际使用时,要安装透镜,通过透镜的外来红外辐射只会聚在一个敏感元件上,以增强接收信号。

热释电人体红外传感器只有配合菲涅尔透镜(见图 4.9)使用才能发挥最大作用。不加菲涅尔透镜时,该传感器的探测半径可能不足 2 m,配上菲涅尔透镜后则可达 10 m,甚至更大。透镜在水平方向上分成三部分,每一部分在竖直方向上又分成若干不同的

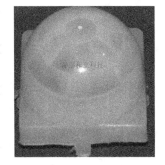

图 4.9 菲涅尔透镜

区域,所以菲涅尔透镜实际上是一个透镜组。当光线通过透镜单元后,在其反面则形成明暗相间的可见区和盲区。每个透镜单元只有一个很小的视场角,视场角内为可见区,之外为盲区,而

相邻的两个单元透镜的视场既不连续,也不交叠,都相隔一个盲区。当人体在这一监视范围中运动时,顺次地进入某一单元透镜的视场,又走出这一视场,热释电人体红外传感器一会儿看得到运动的人体,一会儿又看不到,再过一会儿又看得到,然后又看不到,于是人体的红外线辐射不断改变热释电体的温度,使它输出一个又一个相应的信号。

热释电人体红外传感器的特点是它只有在外界辐射引起它本身的温度发生变化时,才给出一个相应的电信号,当温度的变化趋于稳定时就不会有信号输出,所以说热释电信号与它本身的温度的变化率成正比,或者说热释电人体红外传感器只对运动的人体敏感,可用于当今探测人体移动的报警电路中。

2. 门磁、窗磁

门磁系统是一种安全报警系统,包括门磁、窗磁(二者原理相同,形状相异)。门磁、窗磁其实分别是门磁开关和窗磁开关的简称。门磁由磁控条和门磁主体两部分组成,如图 4.10所示。

磁控条内部有一块永久磁铁,用来产生恒定的磁场。门磁主体内部有一个常开型的干簧管,当永磁体和干簧管靠得很近时,门磁传感器处于工作守候状态;当永磁体离开干簧管一定距离时,门磁传感器处于常开状态。磁控条和门磁主体分别安装在门框和门扇里。当门关闭时,磁控条和门磁主体靠近,干簧管和永磁体也很近,此时干簧管吸合,门磁传感器处于工作守候状态;当门打开时,干簧管和永磁体离开一定距离,干簧管恢复到断开状态。门磁原理图如图4.11所示。

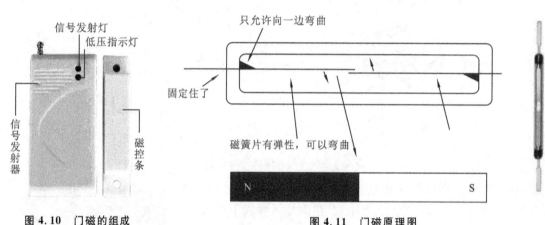

图 4.10　门磁的组成　　　　　　　　　图 4.11　门磁原理图

3. 感烟探测器

该种探测器主要用来探测可见或不可见的燃烧产物及起火速度缓慢的初期火灾,可分为离子型、光电型、激光型和红外线束型四种。本章主要介绍离子感烟探测器。

离子感烟探测器主要是利用烟雾粒子改变电离室电流原理而设计的火灾探测器。探测器内部装有 α 放射源的电离室为传感器件,现今使用的大多为单源双室结构(补偿室、测量室),再配上相应的电子电路构成。探测器内部的 α 放射源是由镅-241(Am241)发出。物质的放射性来自原子核的自发衰变过程。由于 α 粒子比电子重得多,且带两个单位的正电量,其穿透能力很弱。能量为 5 MeV 的 α 粒子在空气中的射程为 3.5 cm,而在金属中的射程为 2.06×10^{-3} cm,所以屏蔽遮挡很容易,同时 α 粒子的电离能力很强,当它穿过物质,与物质分子或原子碰撞而打出一个电子时,约损失 33 eV 的能量,一个能量为 5 MeV 的 α 粒子,在它完全静止前,大约可以电离 15 万个左右的分子或原子。放射源 Am241 除了电离能力强、射程短以外,其半衰期长,成本也较低。图 4.12 所示是单源双室结构的离子感烟探测器原理图。

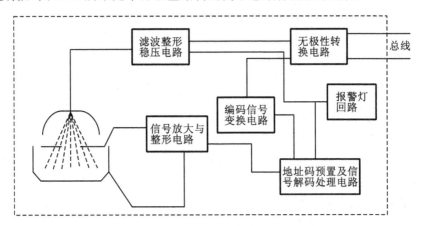

图 4.12　离子感烟探测器原理图

在单源双室结构的电离室正极板上放置有 α 放射源 Am241,该放射源可以在上百年的时间里不断地放射出 α 粒子,α 粒子不断地撞击空气分子,引起电离,产生大量带正、负电荷的离子,从而使极间空气具有导电性,两个电离室分别称为补偿室和检测室。当给电离室的正负极间加上 12 V 的工作电压时(实验测得,12 V 工作电压时电离室线性度最佳),可使原来做无序运动的正、负离子在电场作用下做有规则的定向运动,即正离子向负极运动,负离子向正极运动,从而形成电离电流。电离电流的大小与电离室的结构尺寸、放射源的特性、施加电压的大小,以及空气的密度、温度、湿度和气流等多种因素有关,施加的电压越高,电离电流越大,但当电压达到一定值时,施加的电压再高,电离电流也不会再增加。设计时要保证离子室工作于线性区。

当火灾发生时,烟雾粒子进入测量室,部分正、负离子会被吸附到比离子重许多倍的烟雾粒子上。这一方面降低了离子在电场中的运动速度,另一方面增加了正、负离子互相复合的概率,其结果是电离电流减小,相当于测量室的空气等效阻抗增加了。补偿室几乎是封闭的,烟雾粒子很难进入,空气可以缓慢进入,而测量室是敞开的,烟雾粒子很容易进入。这样补偿室的阻抗几乎未变,其结果是测量电极上的电压因分压比而发生变化,经高阻抗的场效应管取样后放大整形。

单源双室结构同双源双室结构完全不同,双源双室结构利用两个放射源形成两个电离室。单源双室结构简单,节省了一块放射源,环境的变化对电离室的影响基本相同,提高了探测器对环境的适应性,增加了抗潮湿能力。信号放大与整形电路将电离室里的微弱电流信号转变成较大的电压信号,通过高输入阻抗的场效应管进行耦合放大。滤波整形稳压电路是给离子源、集成电路和 CPU 等芯片提供直流工作电压的电路,总线上发送的各种编码信息需经编码信号变换电路处理后发送给解码电路,并将解码电路发送的状态信息和值(烟雾浓度)传至总线上供报警器接收处理。

4.2.3 视频监控系统

1. 定义

视频监控系统是安全防范系统的重要组成部分,是一种防范能力较强的综合系统。视频监控系统是各行业重点部门或重要场所进行实时监控的物理基础,管理部门可通过它获得有效数据、图像或声音信息,对突发性异常事件的过程进行及时的监视和记忆,从而高效、及时地处理案件等。

2. 系统分类

1) 模拟监控系统

第一代纯模拟的监控系统,采用卡带式录像机进行信息存储。随着数字硬盘录像机技术的发展与成熟,数字硬盘录像机以极高的性价比和稳定性,迅速取代了卡带式录像机。现在所说的模拟监控系统通常是指模拟监控摄像机(CA)与数字硬盘录像机(DVR)的组合。

模拟监控系统最大的不足在于视频分辨率。传统模拟监控系统的摄像机的分辨率只有540TVL,而DVR录像存储的画质也只能达到D1(分辨率为704×576,约40万像素)。其后推出的700TVL的摄像机及960H的硬盘录像机,也只是提升了约30%的分辨率,远不能满足人们对高分辨率的要求。虽然彼时有SDI系统可以实现模拟高清,但是由于其造价昂贵,且传输距离短,并未大规模运用起来。

在2013年,大华股份正式推出了自主研发的HDCVI,HDCVI以优异的性能和低廉的价格,迅速被市场接受。HDCVI突破100 m传输极限,使用75-3的线缆时,可实现400 m高画质视频传输,支持1280H和1920H两种视频格式,符合720P和1080P高清视频有限分辨率标准。模拟监控系统用视频线及接线端子如图4.13所示。

图4.13 模拟监控系统用视频线及接线端子

2) 网络监控系统

网络视频监控是指通过有线、无线IP网络将视频信息以数字化的形式进行传输。只要是网络可以到达的地方,就一定可以实现视频监控和记录,并且这种监控系统还可以与很多其他类型的系统进行结合。

首先,网络监控系统使监控部署更为便捷,监控点位不受地域限制,无论是通过有线还是无线传输,只要网络能够到达,监控点就可以位于任意位置。其次,在布线施工上也更为简便,选用POE供电的网络摄像机(IPC)可以通过一根网线传输视频、音频、控制、报警等所有监控信号。最后,只要有网络到达的地方,用户都可以通过PC、手机等方式登录系统,实现系统内所有监控点图像的实时监控和录像回放。

(1) 系统构架。

网络监控系统用网线及水晶头如图4.14所示。网络监控系统的构架图如图4.15所示。

部分 IPC 支持音频的输入、输出,可将所有的信号连同视频信号一起编码后,通过网络进行传输。

图 4.14 网络监控系统用网线及水晶头

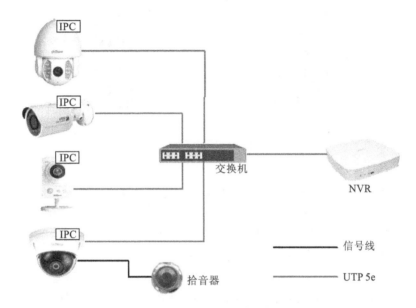

图 4.15 网络监控系统的构架图

(2) 主要组成设备。

网络视频监控系统总体上分为前端接入、媒体交换及用户访问三个层次,具体由前端编码单元、中心业务平台、网络录像单元、客户端单元及解码单元组成。

家庭监控系统通常由前端 IPC、路由交换设备、NVR,以及本地和远程的访问客户端组成。

3. 产品概述

1) 常用摄像机分类

(1) 枪形摄像机。

枪形摄像机(见图 4.16)可分为标准枪形摄像机和红外枪形摄像机。标准枪形摄像机是摄像机最开始的形态,不含镜头,能自由搭配各种型号的镜头。目前这种摄像机主要用在特殊领域和高端领域,而中低端领域基本被红外枪形摄像机和半球摄像机占领了。枪形摄像机的安装方式有吊装、壁装等。

(2) 半球摄像机。

半球摄像机(见图 4.17)可分为普通半球摄像机和红外半球摄像机。半球摄像机具有防护罩,一般在室内吸顶安装,用于固定视野的监控,如楼梯间、通道、电梯轿厢等空间的监控。由于

 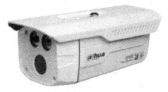

图 4.16　枪形摄像机

形状的限制,半球摄像机镜头焦距一般不会超过 12 mm。如果是变焦镜头,则变焦范围都不大,如 2 倍、3.6 倍等,而且镜头不易更换。

图 4.17　半球摄像机

（3）球形摄像机。

球形摄像机(见图 4.18)根据有无红外功能可分为普通球形摄像机和红外球形摄像机。球形摄像机综合了一体化摄像机、云台系统、通信系统的功能特点,是监控系统中的前端设备,主要负责全方位摄像采集。球形摄像机区别于传统的"摄像机＋云台＋解码器"模式,具有快速定位、快速响应的能力,性价比更高,调试、安装、操作方便,得到了广泛的运用。室内型球形摄像机与室外型球形摄像机不仅在功能上有所区别,其安装附件也不同。室外型球形摄像机要求配置室外型防护罩(内置风扇、加热器)、防尘罩等,必须考虑防尘、防水,在特殊的环境中,根据具体情况还需要选择相应的保护器件。室内型球形摄像机通常只需要固定附件。球形摄像机常用的安装方式有室内吸顶、室内嵌入、室内吊顶、室内壁装、室外壁装和室外吊顶等。

图 4.18　球形摄像机

2）摄像机的主要性能指标

（1）传感器类型。

CCD 图像传感器、CMOS 图像传感器是当前主流的两种器件,如图 4.19 所示。相同尺寸时,CCD灵敏度更高,噪声也更低,但是CMOS图像传感器在功耗、数据转换速度和成本上都占有较大的优势。

图4.19 CCD图像传感器(左)与CMOS图像传感器(右)

(2)传感器尺寸。

通常来说,传感器的尺寸越大越好,常用的有 2/3 in(1 in≈2.54 cm)、1/2 in、1/3 in、1/4 in 和 1/2.8 in 等。1200 万像素手机和单反的效果对比如图 4.20 所示。

图4.20 1200万像素手机(小尺寸CMOS图像传感器)和单反(大尺寸CMOS图像传感器)的效果对比

(3)传感器有效像素。

传感器有效像素即传感器支持的最大像素分辨率。像素对比图如图 4.21 所示。

GIF=352×288   D1=704×576   720P=1280×720   1080P=1920×1080

图4.21 像素对比图

(4)最低照度。

最低照度是用来衡量摄像机在黑暗的环境下摄像清晰程度的一个指标。该数字越低,说明摄像机灵敏度越高,性能越好。高照度与低照度对比如图 4.22 所示。

(5)镜头光圈。

光圈是一种用来控制光线透过镜头、进入机身内感光面的光量的装置,它通常是在镜头内。

图 4.22 高照度(左)与低照度(右)对比

通常用 F 加数值的形式来表示光圈大小,在快门不变的情况下,"F"后面的数值越小,表明光圈越大,进光量越多,画面越亮。常用的光圈有 F1.2、F1.4。光圈大小示意图如图 4.23 所示。

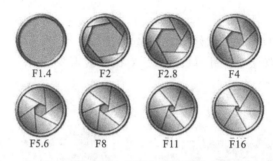

图 4.23 光圈大小示意图

(6) 镜头焦距。

镜头一般可分为固定焦距镜头和变焦镜头。变焦镜头又可分为手动变焦镜头和电动变焦镜头。球形摄像机都采用电动变焦镜头,而枪形摄像机和半球摄像机除了较高端的之外,一般只采用固定焦距镜头。镜头焦距值越大,看的距离越远;镜头焦距值越小,看的范围越大。变焦镜头的变焦倍数也是其重要的指标之一。

(7) 日夜转换模式。

通常红外摄像机采用 IR-CUT 自动切换,而非红外摄像机采用电子彩转黑。一般来说,IR-CUT 的夜间效果更好。IR-CUT 切换与电子彩转黑对比如图 4.24 所示。

图 4.24 IR-CUT 切换(左)与电子彩转黑(右)对比

(8) 旋转速度。

球形摄像机的旋转速度也是一项重要的指标。旋转速度越快,性能越好。

(9) 最大红外距离。

最大红外距离是红外摄像机的一个参数指标,主要体现了摄像机在夜间能够看清多少距离内的物体。

（10）防护等级。

防护等级体现的是摄像机能够在怎样的环境中正常工作,一般室外设备会达到 IP66 防护等级(即防水、防尘)。

3）硬盘录像机主要性能指标

硬盘录像机主要性能指标如下。

（1）系统资源/视频输入:硬盘录像机能够接入多少台前端摄像机。

（2）视频输出:设备有哪几类输出接口,最大分辨率为多少。

（3）实时回放:设备支持的同时回放的最大路数是多少。

（4）SATA 接口:用于接插硬盘,SATA 接口的数量直接决定的录像的存储时间。

（5）网络接口:看设备是百兆自适应还是千兆自适应网口,并且有无 POE 口。

4）硬盘录像机存储时间计算

硬盘录像机的存储时间主要根据硬盘的大小及摄像机的码流来确定。假设采用上述 130 万像素安 e 系统专用的摄像机,主码流设置为 1.5 Mb/s,则 1 路摄像机存储一天所占的空间约为 0.0162 T。若 1 台单盘位硬盘录像机使用 2 T 的硬盘,接 4 路 IPC 计算,则可以存储 2 T/(0.0162 T/天×4)≈30 天。

如果采用动态存储,假设一天有 1/3 的时间在进行存储,那么 1 台单盘位硬盘录像机使用 2 T 的硬盘,接 4 路 IPC 的话,可以存储约 90 天。

录像存储时间说明如图 4.25 所示。

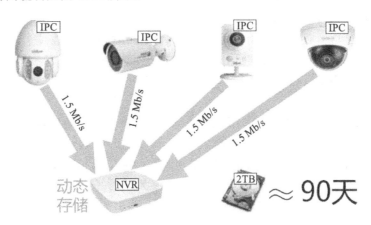

图 4.25　录像存储时间说明

4.2.4　可视对讲系统

1. 可视对讲技术的发展及应用

如图 4.26 所示,楼宇对讲系统(building intercom system,BIS)是广泛应用于住宅及商业建筑,具有选呼、对讲、可视等功能,并能控制开锁的电子系统,也称为可视对讲系统。其基本作用是提供来访客人与住户之间的双向通话或可视通话,同时住户能够遥控楼宇门禁开关及向管理中心进行紧急报警。楼宇对讲系统是智能化社区非常重要的系统之一,从早期的简单对讲,发展到今天的直按式对讲系统、别墅套装对讲系统、数码显示对讲系统、IP 联网可视对讲系统及云对讲系统等。楼宇对讲系统是营造安全、舒适和便捷居住环境的重要基础设施之一,它把楼宇的入口、住户及小区管理部门（或安保人员）三方面紧密联结在一起，成为防止住宅受非法入侵的重要防线，有效地保护了住户的人身和财产安全。

图 4.26　可视对讲系统的主要应用

楼宇对讲系统将是智能建筑小区的基本配置，在新建商品住宅设计中，一些大中型城市已强制在新建楼盘中配置该系统。各生产厂家采用不同的传送方式和信号接口，产品相互间不能兼容，使得工程施工、售后服务无法社会化，许多已过保修期的系统难以维护。相关部门已注意到这一问题，故布线和产品接口的标准化已是大势所趋。从需求市场来看，总线结构技术层面产品已进入需求量平缓期，但总体市场需求仍然在持续升温。

1）网络化趋势

在现有的可视对讲系统基础上，利用已有的宽带网络数据传输平台，以语音、视频传输为手段，以实现信息存储、转发、共享为应用目标，通过可视终端，向每个用户分配一个基于 IP 地址的可视通话号码，提供网络可视电话、VOIP、视频监控、小区内/楼宇内对讲、小区公共信息发布、视频点播、可视远程教育、IPTV 等多种个性化多媒体服务，并可以实现 4G 网络的互联互通。

2）智能化趋势

在系统内集成了整套家居智能化功能，包括闭路监控系统、停车场管理系统、三表抄送系统、背景音乐系统、电子巡更系统、门禁一卡通系统、物业管理系统、宽带网及接入系统等。

3）智能家居趋势

采用嵌入式技术接入互联网和电话信号，并将其转化为控制信号，通过一条总线与配套的家电控制系统之间实现互联互通。

智能家居化的产品可以看作是以前智能家居专有领域与现有可视对讲领域的大融合，技术相对成熟。IP 网络化可视对讲产品的技术瓶颈则相对较高，已经实现了音视频信号的数字化采集、传输、压缩过程，布线也可直接用一根网线和一根电源线来完成。随着 Internet 的普及和技术的进步，楼宇对讲系统逐步由模拟系统发展为数字系统。数字化可视对讲系统采用了全数字 TCP/IP 协议或 SIP（session initiation protocol）等，可以充分利用小区现有的宽带网络，简化布线工程,提高传输效果,并且具有抗干扰能力强、易于扩展的优势,可拓展到智能家居等其他系统的功能,满足现代社区更多智能化的应用需求。

2.楼宇对讲系统的基本功能

楼宇对讲系统的作用是传递访客与住户之间的信息及小区保安或管理中心与住宅楼内外的信息,主要功能如下。

(1)双向通话对讲和遥控开锁功能,并支持三方通话。

(2)住户可呼叫管理中心,管理中心也可以呼叫某一住户。

(3)管理机具有通信优先权,可强行切断门口主机,优先与用户分机通话,实现紧急、重要信息的优先、适时传达,并支持三方通话。

(4)保密功能:任意两方进行通话时,第三方均无法窃听。

(5)室内机图像显示与监视功能(可视系统)。

(6)房号显示功能,并提供多种开锁方式,方便住户和管理人员使用。

(7)可进行多门口主机的并机使用。

(8)管理中心可进行图像监视和遥控开锁。

3.楼宇对讲系统的组成和分类

楼宇对讲系统是由门口主机、室内可视分机、不间断电源、电控锁、闭门器等基本部件构成的连接每个住户室内和楼梯、道口大门主机的装置,在普通对讲系统的基础上增加了影像传输功能。网络型楼宇对讲系统,具有叫门、摄像、对讲、室内监视室外、室内遥控开锁、夜视等功能;住户在室内与访客进行对话的同时可以通过室内机显示器看到来访者影像并利用开锁按钮控制铁门的开关,达到阻止陌生人进入大楼的目的。住户在楼下可以通过感应卡、密码、钥匙、对讲开锁。

楼宇对讲系统组成图如图 4.27 所示。图中设备可以根据系统规模和实际需求进行增减。楼宇对讲系统包括直通式、总线式和网络式几种基本类型。

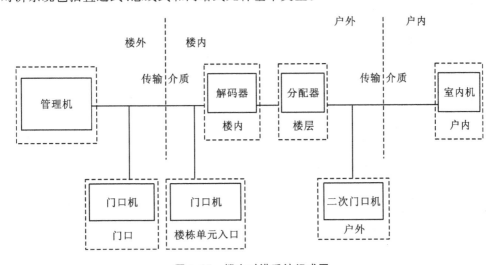

图 4.27　楼宇对讲系统组成图

1)直通式楼宇对讲系统

(1)直通式楼宇对讲系统的结构。

直通式楼宇对讲系统(见图4.28)让住户可以实现主机与分机对讲、遥控开锁,利用小区管理机可监视门口主机图像。室内分机可并多台同一号码的副分机,可按报警键呼叫管理机,进行双向对讲,还可实现二次门铃功能、可视功能、刷卡开锁功能等,大多采用单一按键方式,通话线、开门线、电源线共用。每户增加一条门铃线。系统的总线数为$4+n$。系统的容量受门口机按键面板和总线数量的限制。

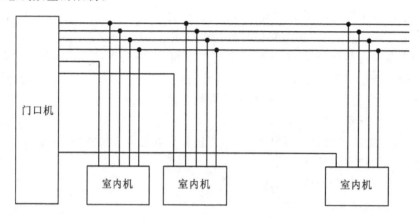

图4.28 直通式楼宇对讲系统

(2)直通式楼宇对讲系统的典型设备和功能。

① 室内分机。

a. 具有免提可视对讲、呼叫管理中心、报警、监视、开锁等功能。

b. 具有设置分机密码、免打扰、警笛、防区紧急报警等功能。

c. 具有可视对讲、遥控、开锁、联网等功能。

d. 具有二次门铃、监控、单户监视等功能。

② 门口主机。

a. 键盘夜光显示。

b. 能与分机实现可视对讲、遥控开锁。

c. 操作简单,直接按门口主机上的住户号码键呼叫住户分机。

d. 具有红外辅助照明功能,保证夜间图像清晰。

③ 中间设备。

中间设备主要指开关电源。

2)总线式楼宇对讲系统

(1)总线式楼宇对讲系统的结构。

总线式楼宇对讲系统(见图4.29)可实现双向音频和视频实时传输、安防报警控制、访客留影、信息发布(个人信息与公共信息)、注册用户卡、刷卡操作、故障检测、多任务操作等多项功能,并且能够与远端PC机进行互联操作,通过IP转换器实现半IP系统操作功能。总线式楼宇对讲系统采用数字编码技术,设备之间通过现场总线连接通信,复杂系统还会用到中间辅助设备(如层间解码器、楼层分配器等)。

(2)总线式可视对讲系统的典型设备和功能。

① 室内分机。

a. 采用网络线传输音视频信号。

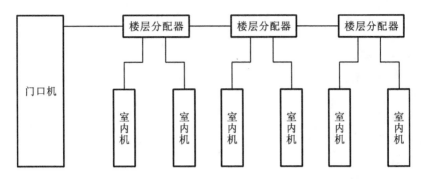

图 4.29　总线式楼宇对讲系统

b. 采用电容触控屏,具有免提可视对讲、监视、开锁、求助管理中心等功能。

c. 具有时间显示、信息来电、图像抓拍及免打扰提示等功能。

d. 具有 10 首以上的和弦铃声,可自由切换不同铃声。

e. 可配接 4/8 路报警防区和门铃按钮。

f. 住户刷卡或密码操作可对报警防区进行布撤防。

g. 配接 4 合 1 控制器可实现图像抓拍、信息发布功能。

h. 可扩展分机,能与扩展分机互相呼叫对讲。

i. 扩展分机可实现报警功能。

j. 采用磁吸外挂式安装方式,安装方便。

② 门口主机。

a. 采用普通网线连接。

b. 具有双向语音对讲功能。

c. 具有系统内部相互无障碍呼叫功能。

d. 具有"摘机键＋开锁键"快速呼叫功能。

e. 具有感应刷卡开锁、密码开锁、遥控开锁功能。

f. 可扩展门口主机和室内分机。

g. 可视对讲、报警一体化。

h. 报警具有自动巡检功能。

i. 报警防区可配接有线探头和无线探头。

j. 分机可选触摸操作界面。

③ 管理机。

a. 采用 TCP/IP 网络传输方式和 LCD 液晶显示屏。

b. 内置开关电源,并配有备用电池。

c. 配有编程菜单,可设置系统所需要的功能。

d. 能与门口主机、室内分机实现双向呼叫对讲。

e. 能对门口主机遥控开锁和采集门口主机上的视频信号至管理中心的监视屏上。

f. 可调整当前时间、日期及设置铃声音量。

g. 具有报警的声光、时间提示,可存储 999 条报警信息以备随时查询。

h. 具有 RS-232 通信接口,连接 PC 客户端管理软件可实现报警、门禁管理、图文信息发布等功能。

④ 中间设备。

a. 12 V 开关电源。

b. 视频放大隔离器。

c. 4 合 1 控制器。

d. 主机选择器。

e. 联网选择器。

f. IP 转换器。

3）网络式楼宇对讲系统

（1）网络式楼宇对讲系统的结构。

网络式楼宇对讲系统采用以太网络结构，是数字对讲系统的典型结构，如图 4.30 所示。

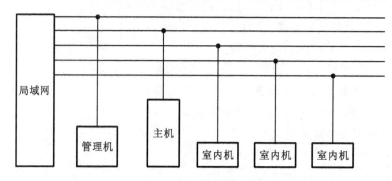

图 4.30　网络式楼宇对讲系统

网络式数字楼宇对讲系统融合了互联网技术、移动通信技术、安防检测技术、音视频编解码技术等，让住户既可以在本地便捷使用，也可以利用手机或远程计算机通过互联网随时查看家中的状况、与家人视频通话，实现智能家居、安防报警等系统功能，创造更加安全、舒适、高效、环保、智能的居住与生活环境。通过结合本地访问、远程访问和移动互联等多种方式，构建立体式控制平台，实现全方位、多角度的数字化生活。

支持 SIP 的可视对讲系统具有传统可视对讲系统不可比拟的优势，主要体现在以下几个方面。

① 全数字技术传输，系统稳定，抗干扰能力强；质量好，传输距离远。

② 组网简单，无中间设备。

③ 基于 IMS 的核心协议 SIP 实现，可实现与标准 IP 电话的对接。

④ 采用 TCP/IP 电脑组网技术，能像电脑那样检查维修，非常简单。

⑤ 一网多用，网络拓展能力极强。

⑥ 功能多样：可视通话、便民信息、电子公告、电子相册、多媒体娱乐、留影查看、户户对讲、记录查询等。

（2）网络式楼宇对讲系统的典型设备和功能。

① 室内分机。

a. 智能终端机内置实时操作系统，可视化风格界面。

b. 标准 TCP/IP 协议传输视频，音频和多种控制信号。

c. 完善的可视对讲开锁、视频监控、安防报警系统。

d. 信息收发系统功能、智能家居系统功能。

e. 户户可视对讲、访客留言留影、本地留言留影。

② 数字门口主机。

a. 铸铝防爆外观。

b. 高清摄像头、角度可调。

c. 网络可视对讲。

d. 留言留影功能。

e. 刷卡门禁功能。

f. 语音提示操作。

g. 可脱机视频广告播放功能。

③ 围墙机和单元主机。

a. 可选机械式按键或电容触摸式按键。

b. 视窗及刷卡窗采用钢化玻璃,高硬度,防划伤。

c. 显示屏可选 TFT/LCD/LED,可发布文字信息。

d. 高清摄像头(角度可调),夜间可视。

e. 与室内机可视对讲。

f. 留言留影功能。

g. 门禁开锁功能。

h. 与管理中心视频、语音联网功能。

i. 电梯控制功能。

④ 管理主机。

• 可视对讲。

• 留言留影功能。

• 门禁开锁功能。

• 报警信息管理功能。

4.2.5 电子锁与门禁系统

1. 智能门锁介绍

随着科学技术的不断发展,尤其是近年来互联网、物联网技术的快速演进,智能化产品逐渐进入寻常百姓家,智能化家居成为发展的潮流,智能门锁的出现也是必然的发展趋势。智能门锁是未来家居生活中不可或缺的重要组成部分。智能门锁产品典型结构图如图 4.31所示。

智能门锁产品丰富,有指纹密码锁、感应卡密码锁、智能酒店锁等多个系列,以自主知识产权研发为核心,搭载领先的生物识别技术和电子科技。指纹密码锁为达到高端别墅项目使用需求,除了在产品文化内涵、外观工艺上做出突破外,在产品功能上面,也考虑到了高端别墅用户的各种功能需求,该产品具有指纹、密码、感应卡、机械钥匙、遥控、远程、组合开门等多种开门方式,可为用户打造全方位的安全与便捷。智能门锁通常采用智能语音导航及 OLED 显示屏菜单操作,具备人性化的可视操作界面及温馨细致的语音提示,使门锁不再是冰冷的安全卫士,而

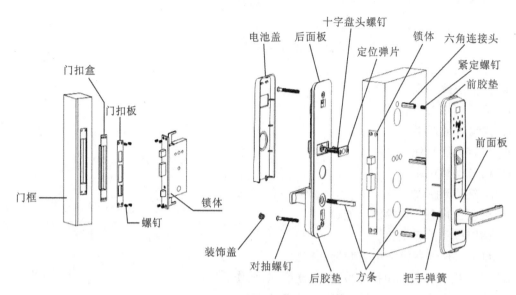

图 4.31　智能门锁产品典型结构图

是贴心的安全管家。

2. 智能门锁功能

一般来说,指纹密码锁通常具有如下典型功能。

(1) 采用国际领先指纹算法技术,操作简单,技术成熟稳定。

(2) 双重验证,具有"密码＋指纹"和"指纹＋指纹"两种组合开门方式,为家居安全提供双重保障。

(3) 多重防护,具有低电压提示、防撬报警、键盘锁定保护、门未关好提示、胁迫报警等功能,能全方位保护您的家居安全。

(4) 保姆钟点工管理,具有临时指纹、临时卡开门时间段和有效期设置功能。

(5) 具有手机电话远程开锁功能。

(6) 具有用户开锁后手机短信通知功能,可以对家里的老人、小孩进行亲情关爱。

(7) 一次性密码功能,出差或旅游时可以随时安排邻居、物业处理家里事项。

(8) 用户实名制,使用户管理更便捷、完善。

(9) 具有开锁记录与剩余空间查询功能。

(10) 具有胁迫报警功能,给家人多一层保护。

(11) 配备无线模块,可以与智能家居、可视门铃、智能安防系统连接。

3. 智能门锁电路组成

智能门锁的电控部分由主处理微控制器(MCU)、电源管理、非接触 M1 卡读取模块(RFID)、显示部分(OLED)、实时时钟(RTC)、指纹读取识别模块、语音播放控制部分、遥控器接收模块、信息存储部分和状态指示灯部分等组成。智能门锁电控硬件原理图如图 4.32 所示。

1) 电源管理

采用电源管理辅助设计,对整机的功耗有着优良的控制,可对各个功能模块实现单独控制。

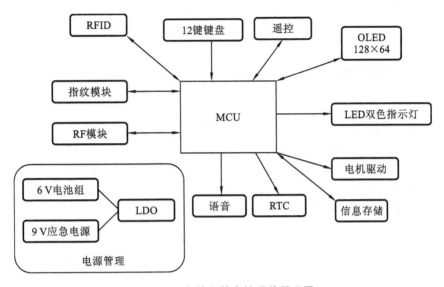

图 4.32 智能门锁电控硬件原理图

该架构有两个优点:第一,功耗极低,在系统待机模式下,MCU 基本不耗电,系统可实现超长时间工作;第二,采用层级架构,可实现功能解耦,如遥控接收模块可通过交互界面直接将 MCU 关闭,实现该功耗模块的零功耗。

2) 指纹模块

指纹锁中的识别模块由指纹采集模块和 DSP 组成。指纹采集部分主要将指纹细节以单色图像形式传输到 DSP,由 DSP 执行提取特征值的算法并将特征值与数据库中的信息进行比对,然后将配对结果通过 UART 传输给主控 MCU。指纹传感模块是指纹锁的核心部件,具有对干、湿手指不敏感,指纹的适应性好,功耗较低,识别速度快及抗静电较好等特点。

3) 读卡模块

非接触式卡门锁的识别模块主要由读卡模块和天线构成。当用户开门卡片靠近门锁时,卡片可从门锁振荡产生的电磁波中获得能量,并反馈识别请求,然后通过非接触式协议进行信息交换,从而判断 Flash 中的数据库是否与当前请求信息匹配。该部分功能主要在 MCU 中实现,读卡模块与 MCU 的信息通信主要通过 SPI 接口实现。

4) 遥控

遥控功能的实现由遥控接收模块和与之相匹配的遥控器构成,经过特殊加密处理,功耗极低,穿墙性能优越。遥控模块还能与智能家居的中继对接。

5) 信息存储

使用大容量的外部存储器,为数据保存提供足够的空间,防止意外掉电用户配置复原和数据信息的丢失。

6) 交互与通信

友好的人机交互界面再配合真人语音提示,能给用户带来极大的便利。在门锁被暴力破坏或屋子被非法闯入等情况下,主控 MCU 可通过 RF 模块将信息转发至智能家居主机,由后台云端管理器将数据发送给指定的用户。

4.3　照 明 系 统

4.3.1　照明系统概述

1. 光的基本概念

光是一种波,同时又是由一个个光子所构成的独特物质,具有粒子性和波动性,但波动性占主要方面。所有的波都是运动的能量,传播时需借助不同的介质。光波的能量以电磁场的形式存在,可以不依靠介质在真空中传播。光是一定波长范围内的一种电磁辐射。电磁波波长范围为 γ 波长至无线电波波长,光波只是其中极小的一部分。可见光电磁波谱是电磁辐射谱中能够引起人眼视觉的部分。光学频谱分布如图 4.33 所示。

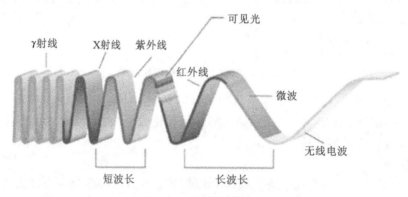

图 4.33　光学频谱分布

2. 光的基本单位

光的常见基本单位如表 4.1 所示。

表 4.1　光的常见基本单位

名　　称	符号	单　　位	说　　明
光通量 (luminous flux)	Φ	流明 (lm)	光源在单位时间内所发出的光量总和
光强 (luminous intensity)	I	坎德拉 (cd)	光的强度,光源在某一特定立体角内发出的光通量
照度 (illuminance)	E	勒克斯 (lx)	光源照射在被照物体单位面积上的光通量,表示某一场所的明亮度
辉度/亮度 (luminance)	L	坎德拉每平方米 (cd/m²)	一光源或一被照面的辉度是指其单位表面在某一方向上的光强度密度,也可说是人眼所感知的此光源或被照面的明亮程度
光源效率		lm/W	光源所发出的总光通量与该光源所消耗的电功率的比值

光的基本单位之间的关系如图 4.34 所示。

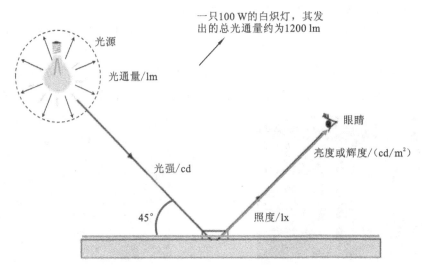

图 4.34　光的基本单位之间的关系

3. 色调与情绪

色调对于情绪的调节非常重要,照明采光都要考虑色调对人的影响,如图 4.35 和图 4.36 所示。

图 4.35　环境与色调对比

图 4.36　色调与情绪

4.3.2　照明基本概念

1. 色温

色温(color temperature)是表示光源光谱质量最通用的指标。色温是按绝对黑体来定义的,当光源所发出的光的颜色与黑体在某一温度下辐射的颜色完全相同时,此时黑体的温度就称为此光源的色温。低色温光源的特征是能量分布中,红辐射相对来说要多些,通常称为“暖光”;色温提高后,能量分布中,蓝辐射的比例增加,通常称为“冷光”。一些常用光源的色温为:

标准烛光为 1930 K,钨丝灯为 2760～2900 K,荧光灯为 3000 K,闪光灯为 3800 K,中午阳光为 5400 K,电子闪光灯为 6000 K,蓝天为 12 000～18 000 K。不同色温的光对环境和人都会产生不同的影响。

如图 4.37 和图 4.38 所示,水果店、服装店等用白炽灯、卤钨灯、金卤灯作光源,使得商品色泽亮丽,从而提高购买欲。水果店若改用荧光灯管作光源,则会使水果表面色彩一般、无光泽。

图 4.37　色温对服装店的影响

图 4.38　色温对水果店的影响

2. 显色指数

光源对物体真实颜色的呈现程度称为光源的显色性,用显色指数定量评价。显色指数越高,其表现物体真实颜色的能力越强。当光源光谱中缺乏物体在基准光源下所反射的主波时,会使颜色产生明显的色差(color shift)。色差程度越大,说明光源对该色的显色性越差。

3. 照度

光照强度简称照度,单位为勒克斯(lx)。照度是物理术语,是用于指示光照的强弱和物体表面积被照明程度的量。在光度学(photometry)中,"光度"是发光强度在指定方向上的密度,但经常会被误解为照度。一个被光线照射的表面上的照度(illumination/illuminance)定义为照射在单位面积上的光通量。设面元 dS 上的光通量为 $d\Phi$,则此面元上的照度 E 为:$E=d\Phi/dS$。当被光均匀照射的物体在 1 m^2 面积上所得的光通量是 1 lm 时,它的照度就是 1 lx。流明(lx)是光通量的单位。照度范围表如表 4.2 所示。

表 4.2　照度范围表(CIE29.2)

序号	照度范围/lx	活 动 类 型	例　　　子
1	20～50	室外活动场所及工作场所	如走廊、储藏室、楼梯间、浴室、咖啡厅、酒吧等
2	30～150	流通场所	如电梯前室、客户服务台、酒吧柜台、室内营业厅、值班室、进站大厅、问讯处、诊室、商场通道等
3	100～200	非连续使用的工作场所	如办公室、接待室、商店货架、厨房、广播室、总机室、电教室、理发室等
4	200～500	简单视觉要求的作业	如阅览室、设计室、橱窗、陈列室、体育运动训练场、展览厅等
5	300～700	中等视觉要求的作业	如体操、网球、篮球比赛场,游泳、跳水比赛场,以及绘图室、印刷机房、机械加工车间、一般精细作业车间、电修车间等

续表

序号	照度范围/lx	活动类型	例 子
6	500～1000	较强视觉要求的作业	如乒乓球及棋类比赛场、金属加工厂、电修车间、机电装配间、打字室、抛光车间等
7	750～1500	较难视觉要求的作业	略
8	1000～2000	特殊视觉要求的作业	略
9	2000 以上	进行很精确的视觉作业	略

照度示意图如图 4.39 所示。

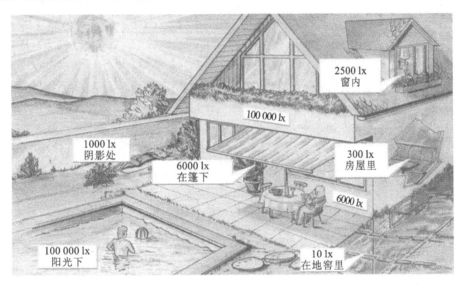

图 4.39　照度示意图

4.3.3　光源

1. 常见光源

自身正在发光的物体叫作光源。光源可分为天然光源(如太阳、火焰、闪电、萤火虫等)和人造光源(如点燃的蜡烛、发光的电灯、激光束等),而人造光源一定要是正在发光的物体。物理学上,光源是指能发出一定波长范围的电磁波(包括可见光与紫外线、红外线和 X 光线等不可见光)的物体。光源通常指能发出可见光的发光体。

2. 光源种类

1) 热辐射光源

利用电能使物体加热到白炽程度而发光的光源称为热辐射光源,如白炽灯、卤钨灯等。

2) 气体放电光源

利用气体或蒸气放电而发光的光源。气体放电有弧光放电和辉光放电两种。

辉光放电通常是在常压下发生,并不需要很高的电压,但要求有很强的电流,因此光输出较强。辉光放电光源可用作照明光源,如荧光灯、高压钠灯、金属卤化物灯等。

弧光放电通常需要较高的电压,但电流较弱,因此光输出较弱。弧光放电光源一般用作装饰光源,如霓虹灯等。

电灯的家庭树如图 4.40 所示。

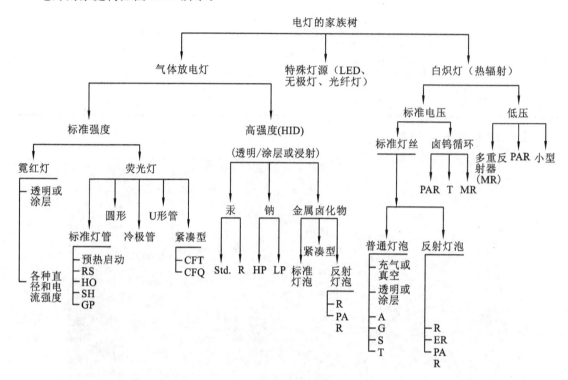

图 4.40 电灯的家庭树

4.3.4 电灯介绍

1. 白炽灯

白炽灯是将灯丝通电加热到白炽状态,利用热辐射发出可见光的电光源。自 1879 年,美国的托马斯·爱迪生制成了碳化纤维(即碳丝)白炽灯以来,经人们对灯丝材料、灯丝结构、充填气体的不断改进,白炽灯的发光效率也有所提高。但白炽灯的发光效率及其他光点参数比节能灯、卤钨灯等新光源差,正逐步被新光源取代,而白炽灯的色温和显色性还是被一些有着旧时代情节的人们钟爱,甚至一些高档别墅的用户还是喜欢用白炽灯作为水晶吊灯的光源。

白炽灯属于热辐射光源,电流通过钨丝产生大量热能,使灯丝升温达 2400～2900 K 成白炽状而发光,常充入惰性气体,以降低钨丝的蒸发速度。

白炽灯价格低廉,具有快速的发光响应,多种功率,显色性是人造光源中最好的,可以在线电压(220 V)或低电压(12 V 或 24 V)下工作。

白炽灯的常用功率有 15 W、25 W、40 W、60 W、100 W、500 W、1000 W。

白炽灯寿命短(约 1000 h),光效不高,启动瞬间电流很大,超过 250 W 时一般采用高强度气体放电灯。

普通照明用白炽灯亦称为 GLS 灯。

2. 卤素灯

家庭中常用的光源是金属卤素光源,简称卤素灯。卤素灯具有放电能力强、生命力强、功效高等特点,并且是一种很好的色彩表演道具。一般来说,卤素灯节省能源,比白炽灯放热少并且易受光学控制。由于使用寿命较长,卤素灯通常适用于高天花板的建筑物和需要长时间连续照明的场所。与其他交流电灯一样,卤素灯也需要气囊。在家居生活环境中,卤素灯通常被用在低压电子灯具或者低压电磁灯具上,这类灯具通常会被用于顶灯泛光照明或者吊顶的筒灯配光照明。

卤钨灯(见图 4.41)是使用卤素气体的白炽灯,通常加入碘化物或溴化物。

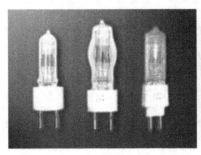

图 4.41　卤钨灯

卤钨灯比传统白炽灯小,其寿命(1500～2000 h)比白炽灯长,价格比白炽灯高,可以在线电压(220 V)或低电压(12 V 或 24 V)下工作。

低压卤钨灯需配合电子变压器工作。变压器可分为电磁低压变压器和电子低压变压器两种,目前绝大多数使用电子低压变压器。

卤钨灯工作效率非常高,需要特制的玻璃(通常是石英)泡壳,因此常被称为石英卤钨灯,特别适合用于影视舞台照明,以及剧场、绘画、摄影和建筑物投光照明等。其常用功率有 20 W、30 W、35 W、45 W、50 W、70 W、75 W、100 W、200 W、300 W、500 W、1000 W。

可调光电子变压器如图 4.42 所示。

图 4.42　可调光电子变压器

3. 荧光灯

荧光灯(见图 4.43)可分为标准荧光灯和紧凑型荧光灯。

(1) 标准荧光灯主要有直管型、环型两种,常见的有 T4、T5、T8、T10、T12 等。

常见的荧光灯管如图 4.44 所示。

"T"是指荧光灯管直径尺寸,以 1/8 in 的倍数测量。例如:T8 就是直径 8/8 in,约为 25.4 mm;T5 就是直径 5/8 in,约为 16 mm。

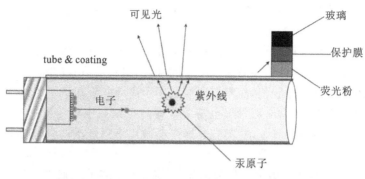

图 4.43 荧光灯

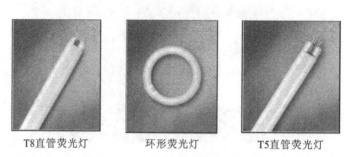

图 4.44 常见的荧光灯管

（2）紧凑型荧光灯俗称"节能灯"。将灯头、镇流器和灯管一体化,荧光灯的发光管成 U 形弯曲,管端装上插头,形成紧凑型荧光灯,与直管相比,同等亮度时,其长度只有 1/3,而且显色性好,比普通白炽灯寿命约长 6 倍。

其他类型的荧光灯如图 4.45 所示。

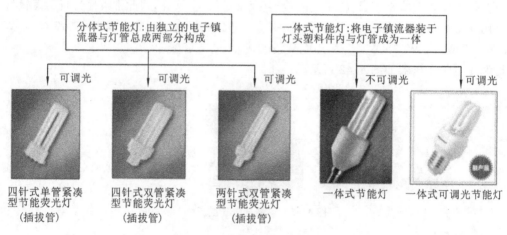

图 4.45 其他类型的荧光灯

4. LED 灯

LED 灯日渐普及,有单色 LED 灯两种和三基色 LED 灯两种。三基色是指红、绿、蓝三种基本色光。三基色 LED 灯就是在灯管上涂上三基色稀土荧光粉,并填充高效发光气体而制成的。三基色 LED 灯的光色是由三基色按照不同比例合成的且有多种色温选择的高显色性光色。

目前,LED 灯的光效已达 50 lm/W(超过普通白炽灯的水平)。在同样亮度下,LED 灯的耗电量仅为普通白炽灯的 1/10、荧光灯的 1/2。

LED 灯功率较小,光亮度较低,不宜单独使用,应将多个 LED 灯组装在一起。LED 灯发光的方向性强,无须使用反射器。

常见的 LED 灯如图 4.46 所示。

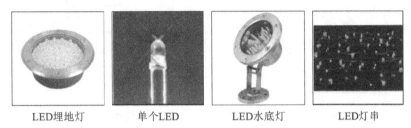

| LED埋地灯 | 单个LED | LED水底灯 | LED灯串 |

图 4.46　常见的 LED 灯

通常为了提高照明设计效率,把常用的负载类型用英文字母缩写表示。

(1) 白炽灯:incandescent,用"INC"表示。

(2) 卤钨灯:tungsten halogen lamp,用"TH"表示。

(3) 电磁低压灯:magnetic low-voltage lamp,用"MLV"表示。

(4) 电子低压灯:electronic low-voltage lamp,用"ELV"表示。

(5) 荧光灯:fluorescent,用"FL"表示。

(6) 冷阴极管/氖灯:cold cathode/neon,用"CC"或"Neon"表示。

各种光源效率比较图如图 4.47 所示。

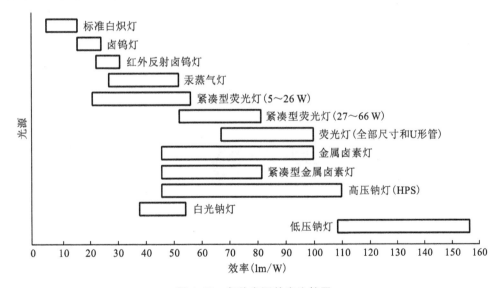

图 4.47　各种光源效率比较图

各种光源发光效率的发展进程如图 4.48 所示。

各种光源寿命比较图如图 4.49 所示。

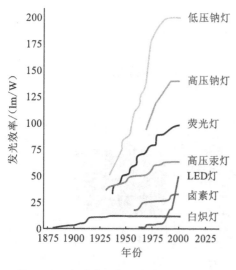

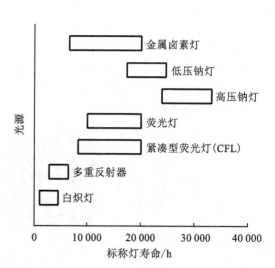

图 4.48   各种光源发光效率的发展进程

图 4.49   各种光源寿命比较图

4.3.5   开关灯控制

常见的灯光控制通常是通过继电器模块实现对等的开闭控制,通常的模块有四通道、八通道、十二通道等。使用时要注意不同类型的灯的特点,留足够的余量。通常感性和容性负载至少要留一半余量。

开关灯控制通常有强弱电分离的总线式控制模块和嵌墙式控制模块两种形式。某品牌对开关灯的控制示意图如图 4.50 所示。

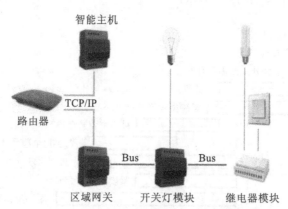

图 4.50   某品牌对开关灯的控制示意图

4.3.6   调光控制

1. 调光系统的分类

(1) 早期调光系统:煤气灯调光系统、盐水调光系统、可变电阻调光系统、自耦变压器调光系统。

(2) 模拟调光系统:给定量调制系统、可控硅调光系统(前沿)、MOS 调光系统(后沿)。

（3）数字调光系统：涉及 DMX-512 协议、DSI、DALI。

（4）网络调光系统：涉及 TCP/IP 协议。

2．调光系统的发展历史

1）煤气灯调光系统

灯光控制可追溯到 1800 年，当时的煤气灯第一次被应用于舞台灯光。输油管连接到一个带有手动煤气阀门的调光板上，通过调节煤气阀门，可控制煤气灯的亮度。由于煤气本身易燃，因此这种调光方式很快就被淘汰掉了。

2）盐水调光系统

一台盐水调光器由一条固定的金属棒和一条可活动的金属棒组成，这两条棒被放置在一个装满盐水的桶内，如图 4.51 所示。

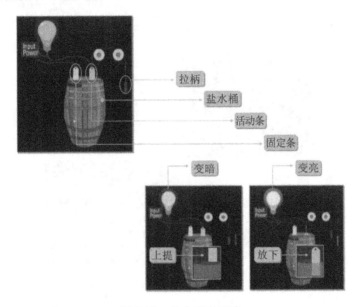

图 4.51　盐水调光系统

当可活动的负载金属棒从盐水桶中被提高时，电流减少，白炽灯变暗；相反则变亮。然而，对操作者来说，这种"充电式"的盐水调光器存在一定的危险性。

3）可变电阻调光系统

大约在 1910 年，爱迪生发明了碳性可变电阻器，并被剧院灯光设计师采用。

可变电阻器是连续可调的电阻器，用来控制电流，通过拉动控制手柄实现调节。

剧院灯光设计师制作了大型的装配箱，用于封装多个可变电阻器，从而控制多路灯光。装配箱被放置于剧院后台。可变电阻调光系统如图 4.52 所示。

4）自耦变压器调光系统

1993 年，GE 公司提出了基于自耦变压器的调光器。这是灯光控制领域一个重要的改进。基于自耦变压器的调光器通过滑竿可实现电压与电流的变化，从而实现调光，如图 4.53 所示。

自耦变压器的缺点如下。

（1）体积非常庞大。

（2）难以操作，需要定期维护。

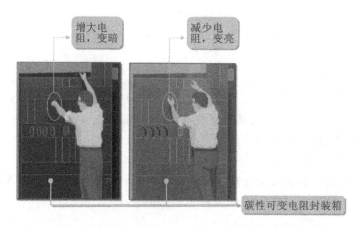

图 4.52　可变电阻调光系统

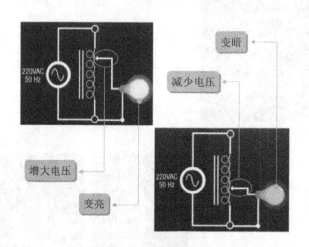

图 4.53　自耦变压器的调光

（3）没有灯光亮度指示，难以达到期望的效果。

5）可控硅调光系统

可控硅调光原理涉及以下三种技术。

（1）可控硅（SCR）技术。

可控硅是硅可控整流器的简称，国际通用名为"thyristor"，中文简称"晶闸管"，主要应用于无触点开关、调速、调光、稳压、变频等方面。

可控硅按照其工作特性又可分单向可控硅和双向可控硅。

① 单向可控硅。

单向可控硅调光如图 4.54 所示。

当 $V_G \geqslant V_{阈值}$ 时，可控硅单向导通，电流从负极流向正极；当 $V_G < V_{阈值}$ 时，可控硅不导通。单向可控硅适用于直流电路。

② 双向可控硅。

双向可控硅调光如图 4.55 所示。

当 $V_G \geqslant V_{阈值}$ 时，可控硅双向导通，电流在 T1 和 T2 间双向流通；当 $V_G < V_{阈值}$ 时，可控硅不导通。双向可控硅适用于交流电路。

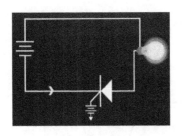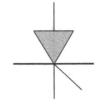

图 4.54　单向可控硅调光

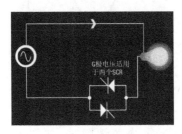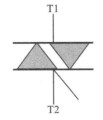

图 4.55　双向可控硅调光

当用一个完整的正弦波电流给灯泡供电时,灯泡会达到最亮;如果只提供半个周期的正弦波的电流给灯泡供电,则经过灯丝的电流越少,灯丝温度越低,灯泡越暗,如图 4.56 和图 4.57所示。

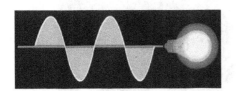

图 4.56　可控硅调光原理

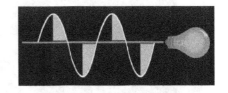

图 4.57　可控硅调光斩波原理

(2) 零点交叉检测(过零检测)技术。

零点交叉检测技术是指电子开关电路在其电压为零时导通的技术,目的是尽量减少开关瞬间的噪声和开关损耗。

过零检测(见图 4.58)不精确会导致在调光过程中,负载出现闪烁现象。

(3) 相位调光技术。

调光器检测每半个交流电周期中,穿越零点的时刻,然后等待一小段预设好的时间,再导通电路。这种调光的过程是通过关闭每一个交流电周期中的一部分相位来实现的,因此称为"相位调光"。

相位调光可分为前沿相位调光和后沿相位调光两类。

① 前沿相位调光(前相调光)。

在每半个交流电周期的前沿,把不需要的电源(相位)消除掉,如图 4.59 所示。通常使用双向可控硅电路。多数可控硅调光器属于这种,调相(斩波)的结果是谐波分量高、电磁干扰较严重。

适用负载:白炽灯、电磁式低压灯、冷阴极管/氖灯。

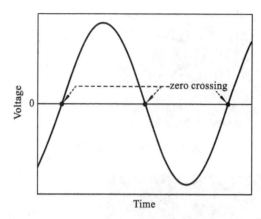

图 4.58　过零检测

适用模块：前相调光模块，如 CLXI-2DIM2、CLXI-1DIM4、CLXI-2DIM8。

② 后沿相位调光（后相调光）。

在每半个交流电周期的后沿，把不需要的电源消除掉，如图 4.60 所示。采用功率型 MOSFET 或 IGBT（上升时间可达 800 μs）作为调光器件，后沿斩波浪涌电流小、谐波小，但控制电路较复杂、成本偏高。

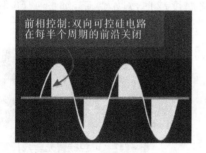

图 4.59　前相调光

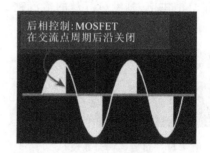

图 4.60　后相调光

专业高功率型晶体管电路：金属氧化物半导体场效应晶体管、绝缘栅双极晶体管。

适用负载：电子低压灯。

适用模块：后相调光模块，如 CLXI-1DELV4。

主要调光技术总结如表 4.3 所示。

表 4.3　主要调光技术总结

类　型	原　　理	优　点	缺　点
盐水调光	改变活动极的电阻实现调光	可控硅出现以前被广泛使用，价格低廉	操作困难，安全性差
变阻器调光	调整与灯具串联的电阻值实现调光	简单可靠，成本适中，可用于交、直流电路	功率较小，热损耗大
变压器调光	改变输出线圈的匝数以改变电压，从而实现调光	热损耗小，可靠、耐用，正弦波输出，干扰少	仅适用于交流电路，操作不方便，通常只有几个调光级别

续表

类型	原理	优点	缺点
可控硅调光	利用零点触发原理,通过一定的时间间隔进行相位控制,以改变电流,从而实现调光	结构轻巧、效率高,控制平稳可靠,交、直流电路均适用,操作灵活、方便,成本适中	容易产生谐波
正弦波调光	微处理器产生一高频 PWM 控制波发给调光器的 IGBT 功率开关,产生一正常的 0～230 V 交流正弦波输出去推动负载	正弦波输出,干扰少	价格较贵
数字调光	DMX-512 协议	数字信号,高精度调光,抗干扰能力强	价格较贵,多用于大型舞台灯光控制系统
网络调光	TCP/IP 协议	双向控制,网络监控功能强大	价格昂贵

4.3.7　光线管理

1. 室内采光

人眼对自然光适应性强,视觉效果好。散射或漫反射光令人感觉更舒适,自然光条件下的视觉对比灵敏度高于人工光下的 5%～20%。因此,光线管理应该是人工光源和自然光源的综合控制和最优化调节。光线示意图如图 4.61 所示。

2. 光线管理

一个好的光线管理系统可以缔造舒适、节能的办公环境,使办公大楼达到最佳的节能功效。据统计,办公大楼75%的能耗用于照明、采暖和制冷,而办公大楼中的人工照明管理装置可以显著降低功耗。

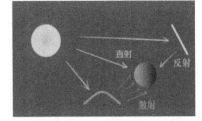

图 4.61　光线示意图

光线管理节能效果表如表 4.4 所示。

表 4.4　光线管理节能效果表

	人体移动红外感应	日光亮度感应调节	人体移动红外感应＋日光亮度感应调节
节能百分比	最高 30%	最高 35%	最高 75%

4.4　电动控制系统

4.4.1　概述

1. 电机简史和发展趋势

在实际生产生活中应用的电机有直流电机和交流电机两种。直流电机以其优良的转矩特性在运动控制领域得到了广泛的应用,但普通的直流电机由于需要机械换相和电刷,可操作性差,需要经常维护,换相时会产生电磁干扰,噪声大,因此其在控制系统中难以有进一步的应用。为了克服机械换相带来的缺点,以电子换相取代机械换相的无刷电机应运而生。1955 年,美国的 D. Harrison 等人首次申请了用晶体管换相电路代替机械电刷的专利,标志着现代无刷电机的诞生。电子换相的无刷直流电机真正进入实用阶段是在 1978 年的 MAC 经典无刷直流电机及其驱动器推出时。之后,国际上对无刷直流电机进行了深入的研究,先后研制出方波无刷电机和正弦波直流无刷电机。二十多年以来,随着永磁新材料、微电子技术、自动控制技术及电力电子技术,特别是大功率开关器件的发展,无刷电机得到了长足的发展。

相较于直流有刷电机,无刷电机的几何结构更小,重量更轻,符合市场对重量轻、性能好产品的设计需求;由于使用了永磁体,转子无磁芯损耗,所以无刷电机效率更高,同时,永磁体的使用还可以减少电机的维护次数,延长电机的使用寿命。除此以外,因为无刷电机本身没有励磁和碳刷损耗,消除了多级减速损耗,综合节电率可达 20%~60%,加上近年来政府一直提倡节能环保,所以无刷电机可以说是电机发展的趋势。

随着计算机技术的广泛使用,电机的静音技术、声控技术和定时技术等应运而生,大大加快了智能电机的发展步伐。

从静音电机到现在的超静音电机,电机的力度越来越大,噪声越来越低,震动越来越小。对于用在家庭或办公楼、写字间里面的电动窗帘,噪声的大小是必须要考虑的问题。

2. 绿色建筑与遮阳技术

美国绿色建筑协会制定的《绿色建筑评价体系》认为,绿色建筑追求的是如何实现从建筑材料的生产、运输、建筑、施工到运行和拆除的全生命周期,如何使建筑对环境造成的危害总量最少,同时使居住者和使用者有舒适的居住质量。绿色建筑的内涵是全方位的、立体的、高科技的环保工程,以科技作为发展动力,追求环保、健康、节能、智能化,实现人和环境的共生。可以将绿色建筑形象地描述为"环保 + 节能 + 健康 +高效 + 智能"的建筑。绿色建筑的设计涉及隔热、保温、遮阳、能源利用等,建筑遮阳作为一种高效、低廉的节能手段,在绿色建筑中发挥着至关重要的作用。

建筑节能向绿色建筑发展,体现了"以人为本"的科学发展观。绿色建筑把提高建筑空间的健康、舒适程度,改善人居环境,降低能耗放在首要地位。门窗作为建筑的开口部分占据了建筑 1/6 的面积,但消耗建筑能源超过一半。建筑通风与遮阳的控制,作为一种被动措施也越来越受到政府的关注。一个好的建筑门窗遮阳系统既可以遮挡紫外线和辐射热,又可以通过调节可见光和自然气流来改善环境,保护人体健康,减少空调的能耗。统计表明,较好的门窗遮阳控制方案能够使建筑能耗至少降低 25%。

门窗电机是遮阳行业的主流产品。遮阳行业起源于法国和意大利,其产品主要用于帘窗、遮阳篷、车库门、投影仪等实现自动化动作的驱动装置。经过 20 多年的发展,门窗电机产品技术逐步成熟,产品向噪声低、隐蔽性强、体积小、安装方便等方向发展,力求满足人们不断提升的对高品质生活的需求。在能源供给日益紧张的今天,作为遮阳行业的主流产品,门窗电机正在向低功耗、节能环保及智能化方向发展,其控制系统更加智能化、人性化。目前比较知名的遮阳企业有法国的尚飞、美国的路创和中国的杜亚等,其产品基本主导了全球的中、高端市场。

3. 产品应用范围

随着科技的发展,人类的双手得到了很大程度的解放,智能家居已经成为现代家庭发展的一个大趋势,越来越多的家庭开始走向了便捷化、智能化。电动窗帘作为智能家居重要的组成部分,也自然受到了人们的高度关注。随着智能家居的概念逐步深入人心,电动窗帘甚至其他电动类产品也越来越为人们所接受。可按产品安装位置、电机适用产品和常见的遮阳帘组合方案对产品适用范围进行划分,如表 4.5 和表 4.6 所示。

1) 按产品安装位置分类

表 4.5　按产品安装位置分类表

室内电动遮阳产品

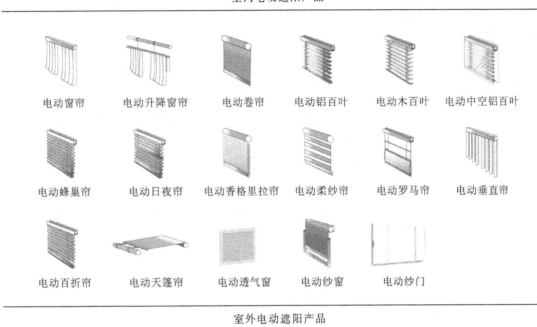

电动窗帘	电动升降窗帘	电动卷帘	电动铝百叶	电动木百叶	电动中空铝百叶
电动蜂巢帘	电动日夜帘	电动香格里拉帘	电动柔纱帘	电动罗马帘	电动垂直帘
电动百折帘	电动天篷帘	电动透气窗	电动纱窗	电动纱门	

室外电动遮阳产品

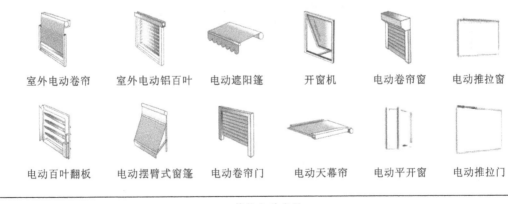

| 室外电动卷帘 | 室外电动铝百叶 | 电动遮阳篷 | 开窗机 | 电动卷帘窗 | 电动推拉窗 |
| 电动百叶翻板 | 电动摆臂式窗篷 | 电动卷帘门 | 电动天幕帘 | 电动平开窗 | 电动推拉门 |

其他电动产品

| 电动投影幕 | 电动投影吊架 | 电动晾衣架 | 电动升降会标 |

2）按电机适用产品分类

表 4.6　按电机适用产品分类表

序号	产品图片	产品类别	应用领域
1	—	管状电机	电动卷帘　电动木百叶　电动罗马帘　电动百折帘　电动天篷帘 电动铝百叶　电动柔纱帘　电动升降窗帘　电动蜂巢帘　电动香格里拉帘 室外电动卷帘　电动遮阳篷　电动卷帘窗　电动卷帘门　电动摆臂式窗篷 电动百叶翻板　电动天幕帘　电动投影幕　电动投影吊架　电动晾衣架 电动升降会标
2	—	百叶帘电机	电动铝百叶　电动中空铝百叶　电动百折帘　电动蜂巢帘　电动日夜帘 电动罗马帘　电动木百叶

序号	产品图片	产品类别	应用领域
3		直流管状电机	电动卷帘　电动木百叶　电动罗马帘　电动柔纱帘　电动香格里拉帘 电动铝百叶　电动纱窗
4		内置开窗机	电动平开窗　电动推拉窗　电动移门
5		开合帘电机	电动窗帘　电动升降窗帘
6		开窗机	电动百叶翻板　开窗机
7		室外百叶帘电机	电动铝百叶
8		垂直帘电机	电动垂直帘
9		透气窗电机	电动透气窗
10		外挂式电动卷帘门	电动卷帘门

4.4.2　电动窗帘产品

1. 电动窗帘机的组成

(1) 电动窗帘驱动电机。

(2) 控制窗帘开/闭的智能控制器系统。

(3) 操作和设置电动窗帘的遥控器。

2. 常见的电动窗帘

电动窗帘根据操作机构和装饰效果可分为电动开合帘、电动卷帘、电动百叶帘、电动天篷帘、遮阳篷等。

1) 电动开合帘

电动开合帘电机系统采用的驱动方式有直流电机驱动和交流电机驱动两种方式。直流电机驱动方式一般采用内置或外置电源变压器,但驱动功率一般较小,能负载的布帘较轻,噪声比较小,另外其控制电路比较复杂,主要应用于面积较小的窗户。交流电机驱动方式可直接使用220 V电源,控制电路简单,驱动功率较大,能负载较重的布帘。

电动开合帘广泛运用于酒店、别墅、精装修公寓等场所,具有电子记忆限位、优雅运行、手拉启动、停电手拉、静音设计等功能。同时,电动开合帘的控制方式非常灵活,有遥控控制、手拉启动控制、强电开关控制、干触点控制、智能控制等。

电动开合帘电机示意图如图 4.62 所示。

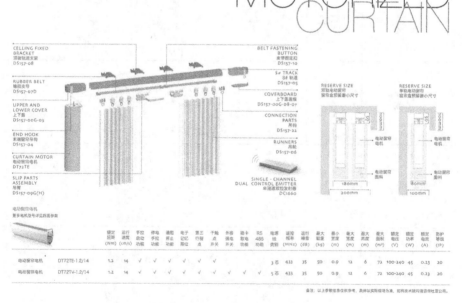

	额定扭矩(Nm)	运行速度(cm/s)	手拉启动功能	停电手拉功能	通阻功能	电子记忆限位	第三行程点	干触点开关	外接强电开关	读卡取电功能	RS485功能	电源类别	遥控频率(MHz)	运行噪声(dB)	最大载重(kg)	最小宽度(m)	最大宽度(cm)	最大高度(m)	最大面积(m²)	额定电压(V)	额定功率(W)	额定电流(A)	防护等级(IP)
电动窗帘电机 DT72TE-1.2/14	1.2	14	√	√	√	√	√					3芯	433	35	50	0.9	12	6	72	100-240	45	0.23	20
电动智能电机 DT72TV-1.2/14	1.2	14	√	√	√	√	√					5芯	433	35	50	0.9	12	6	72	100-240	45	0.23	20

图 4.62　电动开合帘电机示意图

2) 电动卷帘

电动卷帘是采用管状电机为动力的一种电动化卷帘机构,采用 220 V 交流管状电机,电机噪声小,行程调试简单、方便,行程控制精确、可靠,通过杜亚控制系统,可实现各种智能控制方式,满足用户的高品质要求,适用于各种办公场所和公寓建筑。

电动卷帘电机示意图如图 4.63 所示。

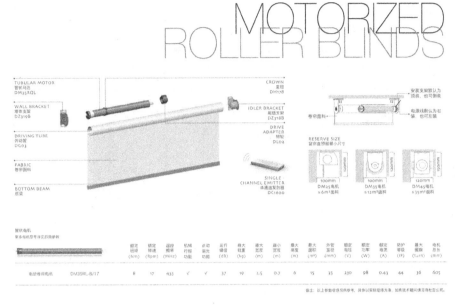

图 4.63　电动卷帘电机示意图

3）电动百叶帘

电动百叶帘通过使用直流电机带动叶片升降代替传统百叶帘手拉的传动方式,具有创新性的突破;由铝材、木材或 PVC 等材料制作而成的帘片具有自动翻转功能,能够更加精准地调节室内的自然光采集程度,根据室内用户的需求来调节光线的取入,实现最好的视觉舒适度,其驱动系统由一个电机、卷绳器及一个机械式限位器组成,分交流和直流两种类型;经常被用于办公场所,因其简洁、明快而深受欢迎,适用于办公大楼、会议室、体育场、家庭住宅等场所。

电动百叶帘电机示意图如图 4.64 所示。

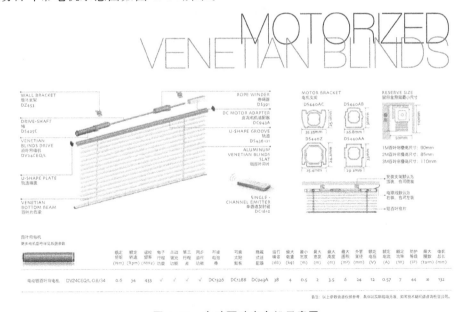

图 4.64　电动百叶帘电机示意图

3. 常用遮阳产品组合方案

1) 酒店系列

遮阳产品组合方案（酒店系列）如表 4.7 所示。

表 4.7　遮阳产品组合方案（酒店系列）

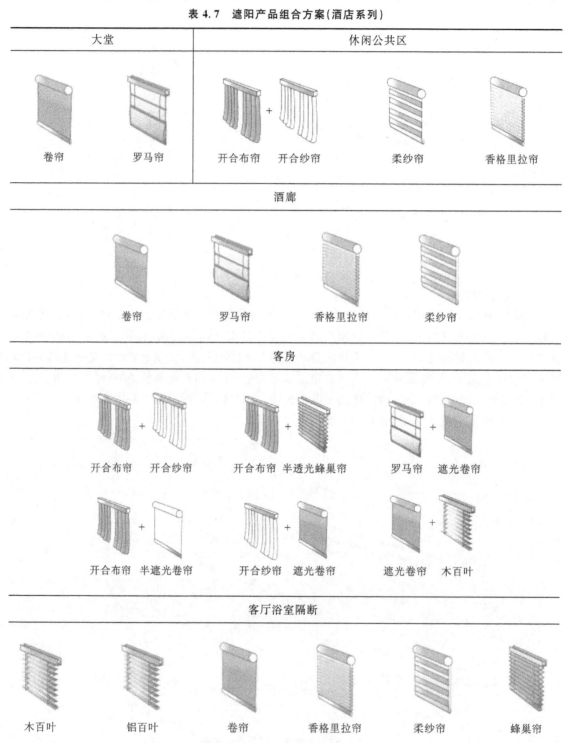

2）别墅或公寓系列

遮阳产品组合方案（别墅或公寓系列）如表 4.8 所示。

表 4.8　遮阳产品组合方案（别墅或公寓系列）

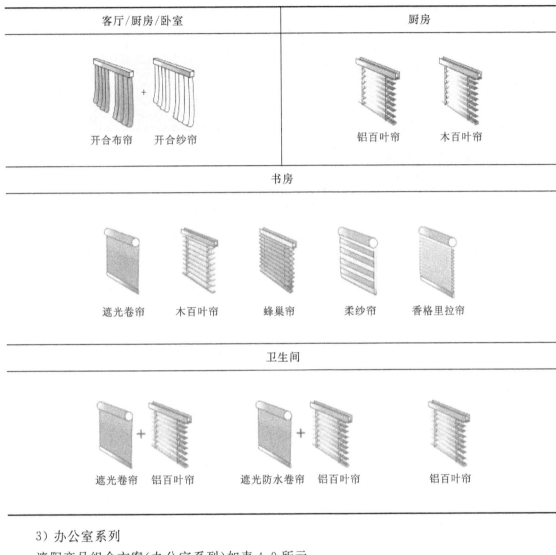

3）办公室系列

遮阳产品组合方案（办公室系列）如表 4.9 所示。

表 4.9　遮阳产品组合方案（办公室系列）

办公室

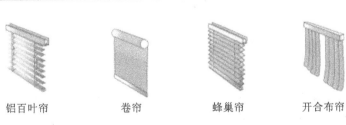

续表

会议室

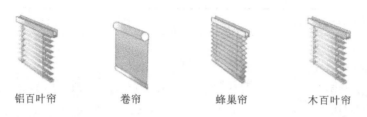

铝百叶帘　　　　卷帘　　　　蜂巢帘　　　　木百叶帘

4.4.3　电动门窗产品

电动门窗产品主要有电动开窗机和推拉门电机。

电动开窗机的电机主要分为三大类：链条式（含双链条双输出式）电机、推杆式电机、齿杆式（含主-副桥架式）电机。智能开窗机作为楼宇自动化的配套设备不断地发展和完善，为人们提供了安全、舒适、便利的生活环境。电动开窗机电机示意图如图 4.65 所示。

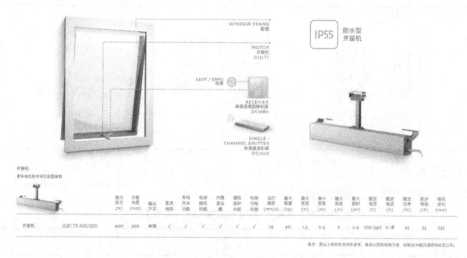

图 4.65　电动开窗机电机示意图

4.4.4　电动门窗产品的控制方式

1. 继电器控制

通过控制系统的交流电开关量输出来实现电机启、停和转向控制。继电器控制示意图如图 4.66 所示。

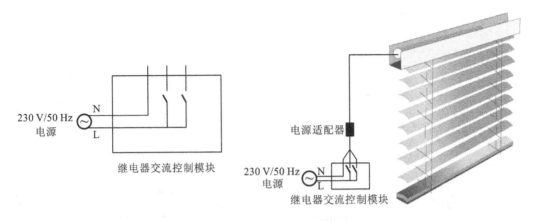

图 4.66 继电器控制示意图

2. 干触点控制

通过控制系统的干触点接口模块来实现电机启、停和转向控制。干触点控制示意图如图 4.67 所示。

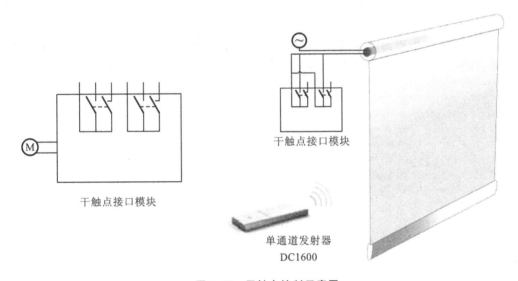

图 4.67 干触点控制示意图

3. RS485 总线控制

总线协议电机可对接智能家居系统,实现百分比控制。RS485 总线控制示意图如图 4.68 所示。

4.4.5 其他电动产品

其他电动产品如电动投影幕、电动升降架、电动晾衣架和电动开门机等,也是通过电机产生驱动力的智能化的家居用品。

智能电动晾衣机主要由机身、动力系统、控制系统、升降系统、晾晒系统及辅助系统等组成,可通过无线射频遥控操控,也可以随时随地通过接入互联网的移动终端设备,实现 APP 的远程控制。其基本功能是为各类家庭用户提供智能自动化的晾衣、晾被等解决方案,同时,还配置集

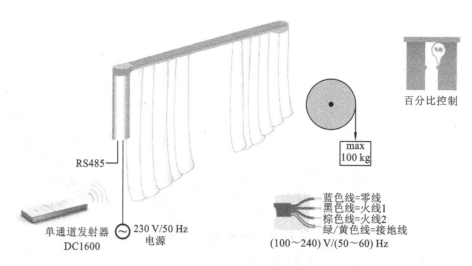

图 4.68　RS485 总线控制示意图

成照明、紫外线杀菌消毒、负氧离子发生器、定时风干、智能烘干、蓝牙音乐、居家装饰等增值功能。其适用于别墅、度假村、公寓楼和各类中高端住宅小区,一般安装在阳台或者靠近窗户的屋顶上。

　　智能电动晾衣机发展到今天,已经不仅仅是一个晾衣服的工具,除了省力、实用外,其更是一个颇具装饰性的产品。智能电动晾衣机已经成为阳台上一道亮丽的风景线,其主要品牌有捷阳、好太太、好易点和晾霸等。电动晾衣架电机示意图如图 4.69 所示。

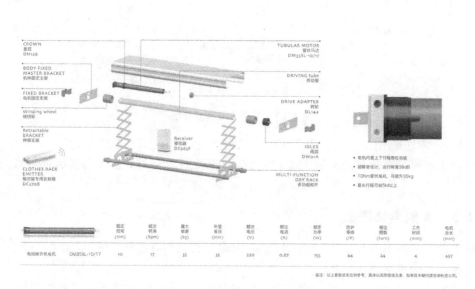

	额定扭矩 (Nm)	额定转速 (Rpm)	最大载荷 (kg)	外管直径 (mm)	额定电压 (V)	额定电流 (A)	额定功率 (W)	防护等级 (IP)	离合圈数 (turn)	工作时间 (min)	电机总长 (mm)
电动晾衣机电机 DM355L-10/17	10	17	35	35	220	0.67	155	44	24	4	457

备注:以上参数项目仅供参考,具体以实际现场为准,如有技术问题请咨询杜造公司。

图 4.69　电动晾衣架电机示意图

4.5　影音多媒体系统

4.5.1　家庭影院系统

1. 家庭影院系统的概念

家庭影院系统顾名思义就是在家中使用的影院系统,因此它必须有一个安置的场所,不同的环境对器材的要求是不一样的,开放与封闭的空间影音效果也完全不同。若是家人的公共活动区域,则以时尚、简捷的系统为宜;独立空间则可尽情发挥,以发烧级的组合搭配为佳。家庭影院系统选配还需要考虑以下因素。

1) 视听面积

视听面积大小与器材的选择和搭配关系密切。小房间最好不要用大音箱,大房间也别用小的液晶电视,这是选配器材的基本常识。一般来讲,18 m² 以上的封闭空间就可以用投影机了,而 50 m² 以上的视听室则需要一大笔器材购置资金,还要有好的声学处理,当然效果也是小房间难以达到的。但是,事无绝对,如果精心选择器材,调整好房间特性,即使只有 10 m² 也同样能搭配出好的效果。

2) 房间比例

千万不要选用房间长、宽、高比例为整数的房间做视听室,否则强烈的驻波会让您前功尽弃,再好的器材在这样的环境中也不会有好效果。如果别无选择,也一定要用书架、衣柜等室内用品来打散驻波。如果条件允许,也可以在装修时通过吊顶、间墙或地板处理等方法来改变房间比例。

3) 空间、声学处理

专业的声学处理可以获得良好的效果。一些基本的声学规则我们是必须遵循的,如不要有太多太大的玻璃窗、柜,书柜不要太单薄,等等。地毯、沙发、茶几、挂画、窗帘等都是调音的好道具,扩散、吸收等处理多一些的环境肯定比四面光壁好得多,这时,您不妨多拿出一些智慧和艺术气质来,美化一下您的家。

2. 家庭影院系统的主要模式

随着社会的不断发展,各种视听设备、投影设备等开始进入家庭,如投影机、影碟机、高清播放器、大屏幕投影等。多种设备的使用必定带来繁杂的设备操作,如打开多种设备电源,关闭灯光,频频切换各种音视频信号,不断切换投影画面等。中控套件能够充分利用家庭影院的所有设备,主机外设苹果 iTouch 触摸屏以替代繁多的遥控器。

家庭影院系统主要可设置以下几种模式。

1) 准备模式

在播放前需要准备一些影碟或做设备调试工作,此时可以进入准备模式:打开暗藏灯带、筒灯并调节到 70% 的亮度,打开媒体播放、功放机,同时降下投影幕、投影机。

准备模式的另外一个作用是为眼睛做准备。因为人眼从一个相对高照度的环境转到一个相对低照度的环境需要一定的适应时间,因此,准备模式可以让眼睛先适应当前环境的照度,再通过渐变方式切换到播放模式,眼睛就可以更舒适地观看电影了。

2）播放模式

当准备好前期工作后,可进入播放模式:打开暗藏灯带及射灯并调节到10%的亮度,以提供必要的观看照度,同时关闭筒灯。

另外,在播放电影的时候,可能会有人员进出,从而会导致灯光自动打开,影响观看效果。为了避免上述情况出现,让系统更具人性化,我们建议在影院入口单独设置一个灯光回路(可以是一盏灯),再配一个感应器,这样当有人进来时,只会开启门口的一个回灯,而不会影响观看效果。

3）清洁模式

看完电影离场后,可进入清洁模式进行场地清洁:开启所有灯光回路,以提供足够的清洁照度,同时关闭电视机,并关闭媒体播放机。

4）离开模式

关闭所有灯光回路。

3. 家庭影院系统的主要设备

1）面板

(1) LED背光可选择与室内装潢相称的颜色,可调整每个LED的亮度。

(2) 和普通开关的使用方法无异,简单易用。

(3) LED灯可显示开关的工作状态,并可以通过设定,来显示更多的状态类型(如发生警报时可以连续闪烁,当门口有人活动时可变换灯光的颜色等)。

2）7寸触摸屏

触摸屏如图4.70所示。

图 4.70　触摸屏

(1) 直观和优雅的外形设计。

(2) 采用高分辨率彩色LCD液晶触摸屏,画质清晰。

(3) 丰富的图形,更容易辨识功能。

(4) 简单的操作。

(5) 相同的控制界面,让用户操作更为简单。

(6) 房间切换功能可以轻松控制其他房间的设备。

(7) 全面的智能设计。

（8）墙面嵌入型和桌面型两种版本可选。

（9）采用 PoE 方式供电，节约布线，且更安全。

（10）无线触摸屏采用锂电池供电，并配备有充电底座。

（11）经过简单的设置即可使用。

（12）提供自定义按键，可自由设定个性功能，满足更多需求。

（13）另提供无线版本可选。

（14）适合于任何标准型墙壁插座面板以提供完整的定制。

（15）显示。

（16）7 寸 TFT 触摸屏，屏幕分辨率高达 800×480，18 位色彩深度。

（17）控制。

（18）4 个快捷功能按键，用户自定义功能，1 个复位按键。

（19）通信。

（20）电源需求。

3）主机

主机如图 4.71 所示。

图 4.71　主机

（1）输入/输出。

（2）音频输入：1 组模拟音频输入。

（3）音频输出：2 组模拟音频输出。

（4）遥感视频：2 组遥感视频输入，2 组遥感视频输出。

（5）视频输出：1 组复合视频，1 组分量视频，1 组 S-Video。

（6）屏幕显示：SD 或 HD，HD 可达 720 P。

（7）红外输入：前面板红外学习和发射/接收窗。

（8）红外输出：6 组红外发射棒，1 组前面板红外窗。

（9）I/O 接口：4 组可插拔接线端子。

（10）串行输出：2 组 RS232。

4．家庭影院系统的组成

家庭影院系统主要由四大部分组成：房间整体构建、视频系统、音频系统、信号源与控制系统。典型的家庭影院系统组成如图 4.72 所示。

视频系统包括 DVD 和具有硬盘播放功能的主机。音频系统包括音响与功放设备。信号源与控制系统包括中控主机和控制外设。家庭影院系统配置表如表 4.10 所示。

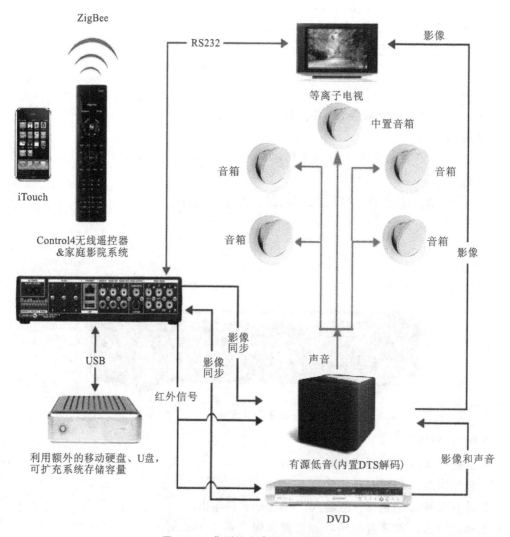

图 4.72　典型的家庭影院系统组成

表 4.10　家庭影院系统配置表

区　　域	摆 放 位 置	设 备 名 称	型　　号	设 备 图 片	数　　量
家庭影院	入门口	无线调光	LDZ-101-240		2

区　域	摆放位置	设备名称	型　号	设备图片	数　量
家庭影院	入门口	无线开关	LSZ-101-240		4
	电视机柜	控制主机	C4-HC300B-E-B		1
	玄关或顶灯	红外灯光感应器	Optex-AD-360		1
	桌面	无线触摸屏	C4-TSM7-G-B		1
	入门口	无线场景按键面板	KPZ-3B1-240		1
	接收器	无线 AP	非 Control4 产品		1
	无线控制模块	无线控制模块（幕布控制）	WCS10-R		1

4.5.2　背景音乐系统

1. 概述

背景音乐系统是智能家居的组成部分,在任何一个空间里(包括客厅、卧室、厨房及卫生间等)都可布上音乐线,通过一个或多个音源,让人在每个空间里都能听到动听的背景音乐。

1906年，美国人德福雷斯特发明了真空三极管，开创了人类电声技术的先河。1927年，贝尔实验室研究出了负反馈技术，使音响技术的发展进入了一个崭新的时代。20世纪50年代，电子管放大器的发展达到了一个高潮时期，各种电子管放大器层出不穷。由于电子管放大器音色甜美、圆润，至今仍为发烧友所偏爱。

20世纪60年代晶体管的出现，使广大音响爱好者进入了一个更为广阔的音响天地。晶体管放大器具有细腻动人的音色、较宽的频响及动态范围等特点。

20世纪60年代初，美国首先推出音响技术中的新成员——集成电路。到了20世纪70年代初，集成电路以其质优价廉、体积小、功能多等特点，逐步被音响界认识。发展至今，厚膜音响集成电路、运算放大集成电路被广泛用于音响电路。

20世纪70年代中期，日本生产出第一支场效应功率管。由于场效应功率管同时具有电子管纯厚、甜美的音色，以及 THD<0.01%（100 kHz时）的特点，很快在音响界流行。现今的许多放大器中都采用了场效应功率管作为末级输出。随后家庭用的音响组合纷纷上市，"家庭音响"概念逐渐兴起。

2002年"中央网络音响系统"概念的提出，使得家庭背景音乐系统开始建立。

2008年，在"中央网络音响系统"的传统概念的深入研究和艺术音响的基础上提出了"养生音响系统"，并以"让音乐改善人类生活"为使命，再一次调整了音响在人们生活中的定位：音乐养生，改善人类生活！

家庭背景音乐喇叭分为悬挂式喇叭和吸顶式喇叭两种。如果家中的顶较高（2.7 m以上），则可以采用吸顶式喇叭，将其嵌入天花板的吊顶中，很美观。固定的方法与吸顶灯的一样。基本上吸顶式喇叭的深度为10~80 mm，吊顶时需要考虑这一数据。如果采用悬挂式喇叭，则对顶面要求不高，将其随便安置在房间顶部的任何角落即可。

2. 智能家居中的背景音乐系统

通常智能家居系统对接背景音乐系统有4种控制方式。

(1) 背景音乐模块分区控制，多个背景音乐模块可级联。

(2) 背景音乐网关通过内置集成的背景音乐品牌协议，用TCP/IP网线控制。

(3) 背景音乐网关通过总线控制背景音乐主机。

(4) 通过可编程网关或主机控制具有RS485/RS232或TCP/IP协议的背景音乐主机。

背景音乐系统架构图如图4.73所示。

3. 通过RS485/RS232接口控制的主要背景音乐品牌

以思美特的主机控制为例。整个屋子可建设一套背景音乐系统，每个住户均可在房间内通过触摸屏控制任何开关、选择通道和调节音量大小等，避免了以往在室外被动地收听背景音乐的弊端。全房设置4~6区背景音乐系统，每个分区可独立设置通道、音量和开关等。同时，设置CD、DVD、MP3播放器等多个媒体的播放设置，当需要开启背景音乐时，这些播放器便会根据预先设定的风格（如流行、相声、乐曲等）循环播放，每个分区可随时点播，如图4.74所示。每个房间的背景音乐的控制均可通过触摸屏进行。背景音乐系统控制界面如图4.75所示。

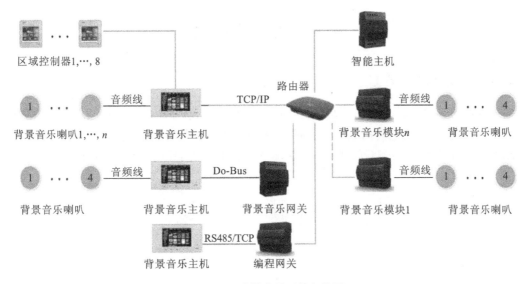

图 4.73　背景音乐系统架构图

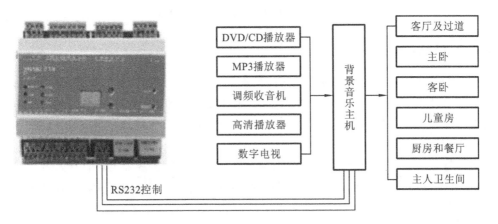

图 4.74　背景音乐系统分区控制示意图

图 4.75　背景音乐系统控制界面

4.6 暖通系统

4.6.1 家居环境检测

暖通系统可通过各种传感器收集居住环境的温湿度、光照强度、空气质量等,让我们更了解自己的生活环境状况,更重要的是可以通过联动,让家里的空气净化器、空调、加湿器、窗帘、窗户等自动工作,为我们营造一个更加健康的生活环境。常见的家居环境检测设备如图 4.76 所示。

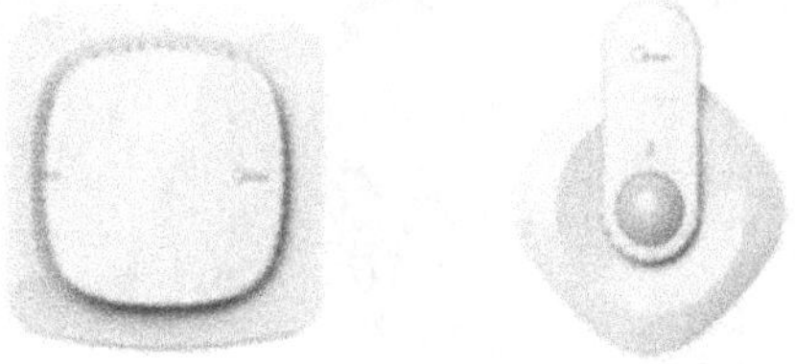

(a) 有害气体探测器　　　(b) 环境质量探测器

图 4.76　常见的家居环境检测设备

4.6.2 空调系统

空调系统是指用人为的方法控制室内空气的温度、湿度、洁净度和气流速度等参数,使之达到一定的要求范围,以满足生产过程的工艺要求和人员舒适度。

现在市面上比较常用的空调主要有分体式红外空调、风机盘管式中央空调 FCU、制冷剂式中央空调 VRV。

风机盘管是中央空调理想的末端产品,由热交换器、水管、过滤器、风扇、接水盘、排气阀、支架等组成,其工作原理是在机组内不断地循环所在房间或室外的空气,使空气通过冷水(热水)盘管后被冷却(加热),以保持房间温度的恒定。通常,新风通过新风机组处理后送入室内,以满足空调房间新风量的需要。

制冷剂式中央空调系统,简称 VRV 系统,它以制冷剂为输送介质,室外主机由室外侧换热器、压缩机和其他附件组成,末端装置是由直接蒸发式换热器和风机组成的室内机,冷媒直接在风机盘管蒸发吸热进行制冷。一台室外机通过管路能够向若干个室内机输送制冷剂液体。通过控制压缩机的制冷剂循环量和进入室内各换热器的制冷剂流量,可以适时地满足室内冷/热负荷要求。

以某品牌智能中央空调网关为例,中央空调网关采用 RS485 技术,集成国内外知名空调控制协议,只需将其与传统空调系统连接在一起即可实现智能控制。

市面上主要有两种通信方式。

1) 中央空调网关与空调适配器(俗称 P 板)通信

通常的品牌有大金、格力、日立、麦克维尔、三洋、三星和雅凯等。空调 P 板通信示意图如图 4.77 所示。

2) 中央空调网关与空调面板通信

常见的空调温控器面板品牌有海林、亿林、三菱等。空调面板通信示意图如图 4.78 所示。

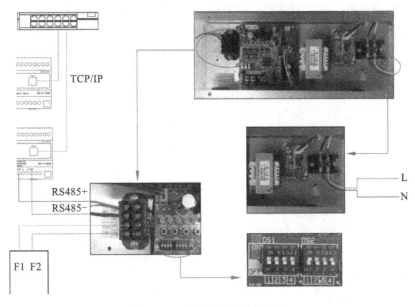

图 4.77 空调 P 板通信示意图

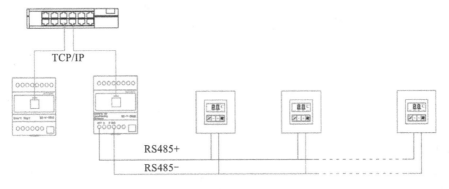

图 4.78 空调面板通信示意图

通常不同品牌的智能系统都配有对应于空调的 APP 控制界面。传统空调系统加入智能控制之后,可以与其他智能设备实现联动控制,给家居生活营造更舒适的环境。

常采用的空调系统形式主要有普通家用分体式空调、VRV 系统、中央空调系统三种。

1）普通家用分体式空调

普通家用分体式空调把空调器分成室内机组和室外机组两部分。噪声比较大的轴流风扇、压缩机及冷凝器等被安装在室外机组内,蒸发器、毛细管、控制电器和风机等室内不可缺少的部分被安装在室内机组中。

分体式空调器因为其外形美观、式样多、室内机组安装位置灵活、室外机组的外形尺寸不受限制、噪声低、安装检修方便等优点,在小户型的住宅里得到了广泛的应用。分体式空调示意图如图4.79所示。

2）VRV 系统

VRV 系统以制冷剂为输送冷量的介质,以室外侧换热器、压缩机和其他制冷附件组成室外主机,以直接蒸发式换热器和风机组成的室内机为末端装置。其工作原理是:由控制系统采集室内舒适性参数、室外环境参数和表征制冷系统运行状况的状态参数,根据系统运行优化准则和人体舒适性准则,通过变频等手段调节压缩机输气量,并控制空调系统的风扇、电子膨胀阀等一切可控部件,保证室内环境的舒适性,并使空调系统保持在最佳工作状态。

VRV 系统具有设计安装方便、布置灵活多变、占用建筑空间小、使用方便、可靠性高、运行费用低、无须机房,以及属于无水系统等优点,但在节能和舒适性上的表现还不尽如人意。VRV 系统示意图如图 4.80 所示。

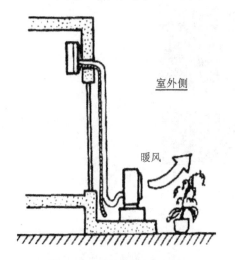

图 4.79 分体式空调示意图

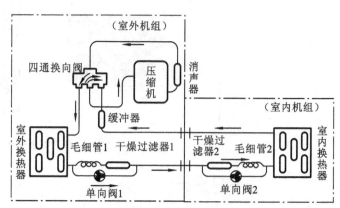

图 4.80 VRV 系统示意图

3)中央空调系统

中央空调系统一般由冷热源和末端设备组成。目前应用于别墅的中央空调系统冷热源一般有三种形式:集中供冷供热管网、独立冷水机组、锅炉或独立的地源热泵。系统末端一般都采用风机盘管或地暖。

中央空调系统的工作原理是:室外的制冷(热)机组对冷(热)媒水进行制冷降温(或加热升温)处理,然后水泵将降温后的冷(热)媒水输送到安装在室内的风机盘管机组中,风机盘管机组采取就地回风的方式与室内空气进行热交换,实现对室内空气进行处理的目的。

中央空调系统节能环保、节约空间、舒适性好,受到了越来越多的用户的青睐,但是成本相对较高。中央空调系统示意图如图 4.81 所示。

4.6.3 地暖系统

1. 地板采暖

地板采暖之所以称之为冬季最理想的采暖方式,不仅在于它的经济、安全、方便、高品质,而且在于它将人作为生活的主体,突出了舒适、健康、环保这三大现代生活的主题;高度的人性化设计,简单、灵活的控制方式,给使用者带来了极大的方便;而其隐蔽于地面下的系统结构,最大限度地节省了室内空间。

随着科技的发展与进步,地板采暖现在有电采暖和水采暖两种方式。

电采暖是指通过埋在地板下的发热电缆把地板加热到 18～28 ℃,均匀地向室内辐射热量而达到采暖效果。

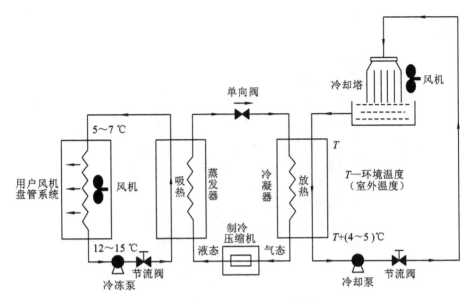

图 4.81　中央空调系统示意图

水采暖是指通过设备将埋在地板下的水管中的水加热到适合的温度,使其均匀辐射到室内。

1)电地暖系统

电地暖系统是一种低温、大面积辐射式采暖系统,系统将发热电缆安装在采暖空间的地面内,地暖以发热电缆作为发热体,以电力作为能源,将电能转化为热能,从而带动居室温度的提高。电地暖系统和水地暖系统所采用的热媒不同,水地暖系统以低温水作为热媒,电地暖系统则将电能转化为热能。

电地暖系统是传统的地板采暖系统,因其耗电量较大,近年来逐渐被水地暖代替。电地暖系统结构示意图如图 4.82 所示。

2)水地暖系统

水地暖系统又称低温地暖辐射采暖系统。它的工作原理是:锅炉和地面管道连接,其管道安装在地板下,采用 30～60 ℃的热水在管道内循环流动,热量从地板下发出,对每个房间可以根据需要进行独立的温度调整。水地暖系统是被广大用户公认的卫生、舒适的科学采暖系统,但在选择热水源时,一定要选择质量和容量都达到了良好标准的锅炉,良好的锅炉会保证家庭采暖稳定,保证热水器的采暖热源充足。

水地暖系统具有以下优点。

(1)舒适、卫生、保健。水地暖系统符合中医理论"脚暖身舒"的原理和人体生理采暖的需求,来自脚下的关怀能让您倍感舒适。水地暖系统是最舒适的采暖系统,能使室内温度均匀一致,采暖效果好。

(2)可分室、分时控制,节约能源和运行费用,避免浪费。

(3)一机两用,可同时满足家庭采暖、热水的需求,热稳定性好、实用性强,是现代家庭生活必备的生活基础设施系统。

(4)最大限度地提供室内采暖面积,同时还不占用室内空间和面积。

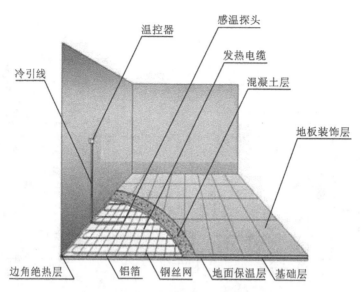

图 4.82　电地暖系统结构示意图

（5）整个系统安装完毕后，仅在外侧墙面露出精美的液晶智能温控器，使用灵活，优化家庭使用功能，美观大方。

智能采暖温控器采用 RS485 通信技术，可控制二线制电磁阀，具有以下基本功能。

（1）自动调温：在室内温度低于温控器设定温度 2 ℃时，温控器会打开相应的电磁阀加热；当室内温度达到温控器设定温度时，温控器会关闭相应的电磁阀，时刻保持室内温度处于舒适的状态。

（2）防冻功能：当温控器处于关闭状态，室内温度低于 5 ℃时，温控器会自动打开电磁阀；当室内温度升高到 7 ℃时，温控器会自动关闭电磁阀。

（3）支持 APP 界面控制。

（4）面板既支持背光等级设定，如全亮、中亮、全灭等，也支持自动感光调节。

水地暖系统结构示意图如图 4.83 所示。

4.6.4　新风系统

通风是指根据在密闭的室内一侧用专用设备向室内送新风，再从另一侧由专用设备向室外排出，在室内会形成"新风流动场"的原理，满足室内新风换气的需要。

实施方案是：采用高压头、大流量、小功率、直流高速无刷电机带动离心风机，依靠机械强力从一侧向室内送风，从另一侧用专门设计的排风新风机向室外排出的方式强迫在系统内形成新风流动场；在送风的同时对进入室内的空气进行新风过滤、灭毒、杀菌、增氧、预热（冬天）处理；排风经过主机时与新风进行热回收交换，回收大部分能量通过新风送回室内；借用大范围形成洁净空间的方案，保证进入室内的空气是洁净的，以此达到室内空气净化环境的目的。

通风的主要功能如下。

（1）提供人呼吸所需要的氧气。

（2）稀释室内污染物或气味。

（3）排除室内工艺过程产生的污染物。

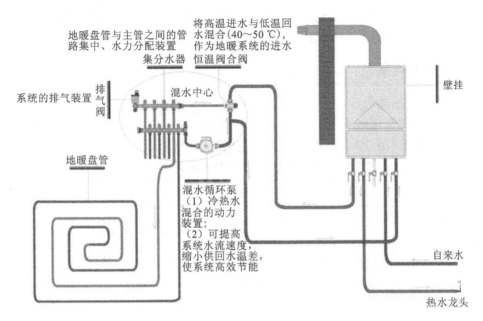

图 4.83 水地暖系统结构示意图

（4）除去室内多余的热量（称为余热）或湿量（称为余湿）。

（5）提供室内燃烧设备燃烧所需的空气。

建筑中的新风系统可能只能实现其中的一项或几项功能。其中,利用通风除去室内余热和余湿的功能是有限的,它受室外空气状态的限制。通风布局图如图 4.84 所示。

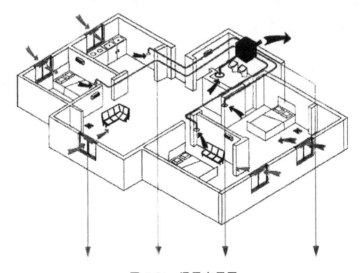

图 4.84 通风布局图

4.7 家居综合布线系统

目前,"智能化"已成为国内房地产业发展不可缺少的重要部分,也是各信息服务商(如中国电信、有线电视网)、宽带网运营商(如铁通、网通、长城宽带网)竞相开发的部分。住宅要实现信息化和智能化,则需要在家庭内部建立一套弱电系统(如电话、电视、电脑、音视频、安防等系统),因此在住宅内进行综合布线(弱电布线)也变得越来越关键。

4.7.1 电缆与线材

1. 有线电视同轴线缆

有线电视同轴线缆应选用符合 BS 2316 标准的线缆,特征是:实心普通铜导体,网眼状聚乙烯绝缘层,普通铜编织层,PVC 护套。同轴线缆参数表如表 4.11 所示。

表 4.11 同轴线缆参数表

		普通-5	低损耗-7	普通-7
特性阻抗		75 Ω	75 Ω	75 Ω
电容		56 pf/m	56 pf/m	56 pf/m
衰减	10 M	0.4 db		
	100 M	1.1 db	0.75 db	0.8 db
	900 M	4 db	2.6 db	2.7 db
外直径		5.1 mm	7.25 mm	7 mm

2. 网络线缆

网络线缆应选择五类 4 对非屏蔽对绞线缆或超五类 4 对非屏蔽对绞线缆,其机械物理性能、电气性能、传输特性等应符合 ANSI/TIA/EIA-568 标准的要求。

其中,近端串扰和等效远端串扰性能符合传输延迟、延迟失真和平衡性能要求,支持 10/100Base-T、ATM、令牌环、语音、电话、图像等应用。

RJ45 水晶头用于数据(电脑)链路的连接。RJ45 水晶头有 8 把刀,对应数据线的 8 芯线,按 T568B 标准从正面看由左到右依次为 1 橙白、2 橙、3 绿白、4 蓝、5 蓝白、6 绿、7 棕白、8 棕,如图 4.85(a)所示。

将 UTP 线缆套管自端头剥去 20 mm。

定位数据线的 8 芯按 1&2、3&6、4&5、7&8 的次序整理好,如图 4.88(b)所示。为防止插头弯曲时对套管内的线对之间造成损伤,线缆应并排排列至套管内至少 8 mm,形成一平整部分,平整部分之后的交叉部分呈椭圆形。

将绝缘导线解扭,使其按正确的顺序平行排列,导线 6 跨过导线 4 和 5,在套管里不应有未扭绞的导线。

导线经修整后(导线端面应平整,避免毛刺影响性能)距套管 14 mm,从线头开始,至少在 9~11 mm 之内导线之间应有交叉,导线 6 应在距套管 4 mm 之内跨过导线 4 和 5,如图4.85(c)所示。

将导线插入水晶头,导线应插到水晶头最前端,套管内的平坦部分应从水晶头后端延伸直至初始张力消除,套管伸出水晶头后端至少 6 mm,如图 4.85(d)所示。

压好水晶头,再一次测量导体和套管长度,以确保它们满足几何要求。

目测水晶头上镀金的 8 把刀是否插入线中,8 把刀面是否平整。

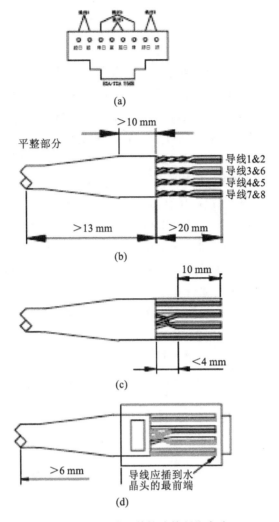

图 4.85　网线及其接头的制作方法

3. 音视频线缆

音视频线缆(见图 4.86)与俗称的对录线或话筒线类似,为单芯或双芯屏蔽线,规格为 75-2 线,用于信息箱内音视频模块与房间音视频面板或背景音乐功放模块之间。若用其他线,则会引起杂音等干扰。

图 4.86　音视频线缆

音箱线俗称喇叭线,为双芯(多股铜丝或银丝)透明平行的较粗的线,用于功放与喇叭之间。

4.7.2 综合布线原则

1. 系统中控箱的设计原则

系统中控箱安装位置、安装环境依照强电箱实际装修设计而定,安装不宜过高,一般安装标高为 1.8 m。中控箱埋入墙体时应垂直、水平,边缘留 5~6 mm 的缝隙,箱内的接线应规则、整齐。各回路进线须留有足够长度,系统总线不能剪断,进中控箱的电管要用锁紧螺帽固定,安装后标明各回路使用名称,安装完成后须清理箱内的残留物。

2. 家庭导线选择方法及计算

例如,若家庭用电的总功率为 5000 W,则具体计算方法如下。

家庭用电(220 V)的总功率除以电压算出电流,即:5000 W÷220 V=22.5 A。将电流再除以铜导线每平方毫米的载流量(按 6~8 A/mm² 考虑)即得出要选择的导线横截面积,即:22.5 A÷6 A/mm²=3.7 mm² 或 22.5 A÷8 A/mm²=2.8 mm²。参照表 4.12 选择。

家庭用电(380 V)的总功率除以电压算出电流,即:5000 W÷380 V=13.2 A。将电流再除以铜导线每平方毫米的载流量即得出要选择的导线大小,即:13.2 A÷6 A/mm²=2.2 mm² 或 22.5 A÷8 A/mm²=1.7 mm²。参照表 4.12 选择。注意选择要留有余量并考虑以后的发展。

表 4.12 导线选择表

序 号	电源铜线横截面积/mm²	安全载流量/A
1	1	17
2	1.5	21
3	2.5	28
4	4	35
5	6	48
6	10	65
7	16	91
8	25	120

单相负荷按 4.5 A/kW 计算出电流后再选导线。简便的计算方法如下。

单相(220 V)电路中 1 kW 按 4.5 A 电流计算,每平方毫米导线可承载 1 kW 负荷。

三相(380 A)电路中 1 kW 按 2.5 A 电流计算,每平方毫米导线可承载 2.5 kW 负荷。

4.7.3 无线智能家居系统布线

无线智能家居系统的布线比较简单,主要有路由器、Wi-Fi 的 AP 节点和主机网线的布线及模块电源布线。例如,思创易控的分布式 Wi-Fi 覆盖方案,以低辐射的方式实现了全宅 Wi-Fi 覆盖,扩展起来比较方便。Wi-Fi 覆盖示意图如图 4.87 所示。

无线模块安装示意图如图 4.88 所示。底盒中通常要有零线、火线,对于部分支持单火线的

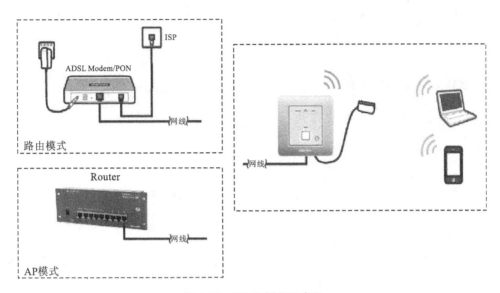

图 4.87　Wi-Fi 覆盖示意图

产品来说,可只布一根火线。

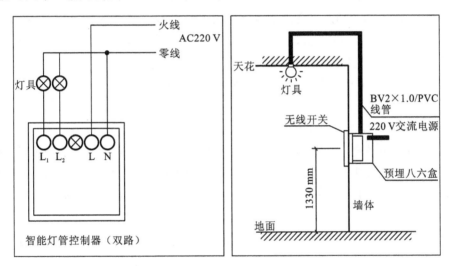

图 4.88　无线模块安装示意图

无线产品的安装要求如下。

(1) 安装时需由专业人员或电工人员安装。

(2) 安装时尽量不要把多个无线灯光开关并排装在一起(最多不要超过 3 个),以免无线信号相互干扰而影响接收效果。

(3) 安装位置宜选择比较开阔、周围没有屏蔽物的地方,尽量不要安装在墙角及干扰源大的地方。

(4) 尽量避免安装在洗手间、浴室等潮湿的环境里,以免因受潮造成漏电、短路。

(5) 安装前必须保证总电源已被切断。

(6) 为了安全规范及正常使用,安装接线时请按标志所示接火线与零线。

（7）开关所能承受的最大负载不能超过说明书给出的额定值，以免造成永久损坏。

（8）首先观察开关是否水平安装，检查安装的美观性。

（9）操纵开关，检视灯具是否开启或关闭。

（10）在其他系统正常的情况下，进行对码，然后用手机或遥控器进行控制。

4.7.4 有线智能家居系统布线

1. 综合布线

1）施工要求

布线系统的施工要求应符合《综合布线系统工程验收规范》（GB 50312—2007）中的相关要求。

（1）工作区（信息插座）施工要求。

所有信息插座安装在墙壁或柱子上，底边距地板标高 300 mm，并采用暗埋式；信息插座安装在 86 型的金属暗盒内，此暗盒与墙壁的外表面呈水平（或者略低于此表面）。

（2）水平子系统（水平线）施工要求。

各层的水平线分别自其各层的弱电间出发，沿本层吊顶上的桥架，通过吊顶的金属管和埋于墙内的金属管，到达信息插座暗盒内连接信息插座或者沿本层吊顶上的桥架，到达各个办公室门上吊顶内的分配线盒。桥架沿每层的走廊行走。水平线的安装在吊顶安装之前完成。

（3）管理子系统施工要求。

配线架要安装在标准机柜内，机柜放置在相应控制室内。

2）施工内容

（1）线缆敷设施工的工艺要求。

① 线缆的布放应平直，不得产生扭绞、打圈等现象，不应受到外力的压挤和损伤，特别是光缆；转弯处的半径一定要大于线缆的 10 倍半径（4 对双绞线要大于 30 mm）；如果光缆和双绞线在同一线槽内，光缆不要放在线槽的最下面，避免挤压光缆。垂直线槽中，要求每隔 1～2 m 在线槽上扎一下。

② 每一根线缆两端（配线柜端和终端出口端）都要有相同的、牢固的、字迹清楚的、统一的编号（编号标签统一打印，避免字迹不清楚和手写难以辨认的问题）。

③ 线缆在终端出口处要拉出不小于 50 cm 的接线余量，盘好放在预埋盒内，防止其他工序施工时损坏线缆。

④ 配线柜处，线缆接线余量将根据每层楼面的情况留足。一般情况下，线缆进配线柜后留 5 m。

⑤ 布线遇到较大阻力拉不动时，注意不要用力过猛，以免拉断线缆芯线。应先找出故障原因，并予以排除。

⑥ 布线缆时从配线柜至终端出口，线缆中间任何地方均不得剪断和接续。

（2）线缆敷线的施工条件。

① 施工楼层内所有线槽、管线、预埋盒、过渡盒等均安装到位，经验收符合要求。水平布线缆后，决不允许再有管线变更和电焊等施工，以防损坏线缆。

② 配线间的内墙、地坪等装修完毕,走线槽(管)竖井已经安装到位。机柜(架)安装位置已经确定。线缆布线后,决不允许再有墙面抹灰、地坪浇灌等土建施工,以防损坏线缆。

③ 施工图纸已经全套完整,所有终端出口都已在图纸上统一编号完毕。以上条件皆具备后,可以布线施工。

④ 为了使线缆更便于检查,在穿线时不仅要做好标签,而且要记下线缆两端的长度。

(3) 配线架及信息插座施工组织及要求。

① 配线架安装以配线间为单位,每两人一组,至少有一名培训过的熟练的安装技工。要求做好施工记录,每天施工结束后交本区项目负责人,以便项目组及时了解施工进度,发现问题,及时调整施工计划。

② 同样,信息点也是两人一组,每天做施工记录,并报项目管理组。这样,每道工序都责任到人,并且都有详细的记录,便于今后维护及排除问题。

(4) 安装档案。

① 在布线系统安装实施过程中,必须有详细的安装档案,以记录整个工程的安装情况。详细的档案记录对于将来的排错和系统维护具有无可否认的重要性。

② 在工程实施前应该确定好插座和配线架的安装位置,设计好配线架在机柜中的位置。

③ 信息点的安装位置按照建筑设计图的房间号(名称)进行记录。将信息点的位置及其连接的配线架端口、线缆的编号及信息点的应用情况记录在同一表中,以便将来的管理及维护。布线信息表如表 4.13 所示。

表 4.13　布线信息点表

序　号	信息点编号	连接线缆编号	配线架端口号	连接的设备	其　他
1					
2					
3					

说明:"连接的设备"可以是电话,也可以是电脑或其他设备,此栏由用户使用时填写;可以把电话号码、IP 地址等记录下来,便于维护。

3) 施工流程

施工流程图如图 4.89 所示。

4) 线槽敷设操作要点

(1) 划线定位:根据施工图确定安装位置,从始端到终端(先干线后支线)找出水平或垂直直线,用粉线袋或粉笔,沿墙壁或顶棚和地面等,在桥架路线中心线上弹线或划线定位,并按设计要求或施工验收规范要求,均分吊装支撑间距,并标出具体位置。

(2) 预留孔洞:根据施工图标注的建筑轴线部位,采用预制加工的木质或金属框架,固定在标出的位置上,并进行调直找正,待现浇混凝土模板拆除后,拆下框架,抹平孔洞周边。

(3) 线槽在吊顶内敷设时,如果吊顶内无法上人操作,吊顶上应按规定留出检修孔,以便于安装维修工作的进行。

(4) 桥架或线槽穿越楼板墙洞时,不应将其与洞口用水泥堵死,现浇时应按照设计,采用防

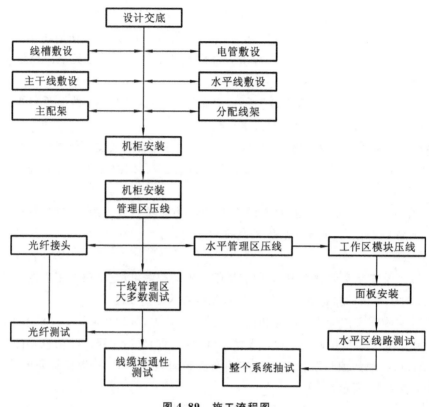

图 4.89　施工流程图

火堵料进行封堵。

　　(5) 桥架或线槽经过建筑物的变形缝(伸缩缝、沉降缝)时,线槽本身应断开,槽内用条孔连接板搭接,不应紧固。跨接地线和槽内缆线均应留有补偿余量。

　　(6) 桥架或线槽应尽量紧贴建筑物构件表面,应固定牢靠,盖板无翘角、短缺。接地线应固定稳妥并确保电气连通。

　　(7) 与其他指挥信息系统共用金属线槽时,应用金属隔板隔开。线槽内,不同方向的信息缆线应分束捆扎,做好标记。

　　5) 信息插座端接要求

　　(1) 信息插座的核心部件都是模块化插座孔和内部连接件。

　　(2) 对绞线在信息插座(包括插头)上进行终端连接时,必须按缆线的色标、线对组成及排列顺序进行卡接。若为 RJ45 系列的连接硬件,则其色标和线对组成及排列顺序应按 EIA/TIA T568A 或 T568B 的规定处理。

　　(3) 对绞线与 RJ45 信息插座采取卡接接续方式时,应按先近后远、先下后上的接线顺序进行卡接。与接线模块卡接时,应按设计规定或生产厂家要求进行施工操作。

　　(4) 当综合布线系统采用屏蔽电缆时,电缆屏蔽层与连接硬件终端处的屏蔽罩应可靠接触,一般是缆线屏蔽层与连接硬件的屏蔽罩形成 360° 的接触,它们之间的接触长度不宜小于 10 mm。

　　6) 各类跳线成端要求

　　(1) 各类跳线(包括电缆)和接插硬件间必须接触良好,连接正确无误,标志清楚齐全。跳线选用的类型和品种均应符合系统设计要求。

（2）各类跳线长度应符合设计要求。一般对绞线电缆的长度不应超过 5 m。

7）光缆布线施工的基本要求

（1）光缆布放前应核对规格、型号、数量与设计规定是否相符。

（2）光缆的布放应平直，不得产生扭绞、打圈等现象，不应受到外力挤压和损伤。

（3）光缆布放前，其两端应贴有标签，以表明起始和终端位置。标签书写应清晰、正确。

（4）光缆与建筑物内其他管线应保持一定的间距，与其他弱电线缆也应分管布放。各线缆间的最小净距应符合设计要求。

（5）光缆布放时应有冗余。光缆在设备端的预留长度一般为 5～10 m。有特殊要求的应按设计要求预留长度。

（6）敷设光缆最好以直线方式。若有拐弯，则光缆的弯曲半径在静止状态时至少应为光缆外径的 10 倍，在施工过程中至少应为光缆外径的 20 倍。

（7）在光缆布放的牵引过程中，吊挂光缆的支点相隔间距不应大于 1.5 m。

（8）布放光缆的牵引力应小于线缆允许张力的 80%。对光缆的瞬间最大牵引力不应超过光缆允许的张力。在以牵引方式敷设光缆时，主要牵引力应加在光缆的加强芯上。敷设时应控制光缆的敷设张力，避免使光纤受到过度的外力（弯曲、侧压、牵拉、冲击等）影响。

8）光缆终端的基本要求

（1）终端设备的机房内，光缆和光缆终端应布置合理、有序，安全稳定，应无热源和易燃物质等。引出的尾巴光缆或单芯光缆的光纤所带的连接器，应按设计要求和规定插入光纤配线架上的连接硬件中。暂时不用的光纤连接器插头端应盖上塑料帽，以使其保持清洁、干净。

（2）光纤在机架上或设备内，应对光纤接续给予保护。光纤盘绕应有足够的空间，都应大于或符合标准规定的曲率半径，以保证光纤正常运行。

（3）利用室外光缆中的光纤制作连接器时，其制作工艺应严格按照操作规程执行，光纤芯径与连接器接头的中心位置的同心度偏差应达到如下要求：多模光纤同心度偏差应小于或等于 $3\ \mu m$；单模光纤同心度偏差应小于或等于 $1\ \mu m$；连接的接续损耗应达到规定标准。

（4）所有的光纤接续处应有切实有效的保护措施，并要妥善固定牢靠。

（5）经检查光缆中的铜导线应分别引入业务盘或远供盘等进行终端连接，应符合规定。金属加强芯、金属屏蔽层（铝护层）及金属铠装层均应按设计要求，采取接地或终端连接，并进行测试，应符合有关规定。

（6）连接器插头和耦合器或适配器内部，应用沾有试剂级的丙醇酒精的棉花签擦拭干净才能插接。插入耦合器的 ST 连接器的两个端面应接触紧密。

（7）在光纤、铜导线和连接器的面板上均应设有醒目的标志。标志内容（如序号和光纤用途等）应正确无误，清楚完整。

2. 常见的拓扑结构

一般说来，KNX、RS485、CAN 等系统采用强弱电分开的架构，开关面板采用手拉手接法通过电缆线连接，电缆线推荐采用 RVV 双绞线或网线，强电线直接接到智能箱。智能总线常见的两种接法如图 4.90 所示。

3. 电动遮阳系统布线

电动窗帘系统由开合帘、垂直帘、标准 S 形电机模块、无线智能电机、串口协议/开放 485 电

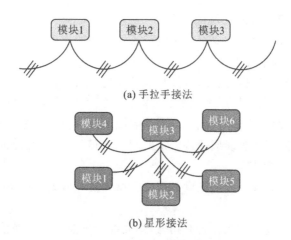

(a) 手拉手接法

(b) 星形接法

图 4.90 智能总线常见的两种接法

机和开放协议电机网关组成,可以控制窗帘的开、关、停、调光、百分比、电子行程设置、点动开关、第三行程点、手拉启动、停电手拉及遇阻停止等动作,也可以外接干触点开关及强电开关。

电动窗帘布线示意图如图 4.91 所示。

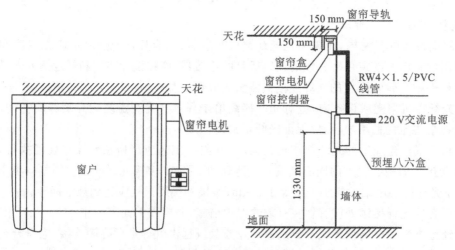

图 4.91 电动窗帘布线示意图

不同类型电动窗帘与控制模块的连接方式如图 4.92 所示。

4. 家庭影院系统布线

家庭影院系统的布线规划如图 4.93 所示。

(1) 家庭影院设备和背景音乐主机使用 RS485/RS232 协议控制,为方便集中控制,统一放置于机房多媒体机柜。

(2) 协议控制的多媒体设备和背景音乐主机需要单独拉线到控制箱,房间内红外电视机控制模块直接连接在总线上。

(3) 背景音乐面板与背景音乐主机为网口通信,需要单独拉网线到背景音乐主机,无源喇叭的线也单独拉到背景音乐主机,家庭影院音箱线拉到功放机。

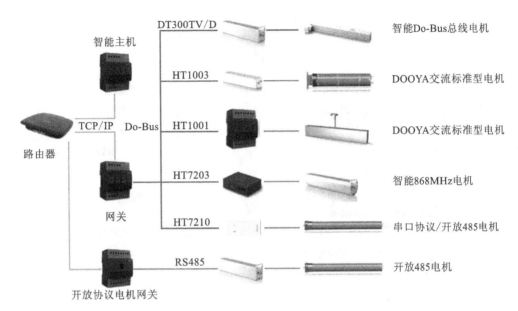

图 4.92　不同类型电动窗帘与控制模块的连接方式

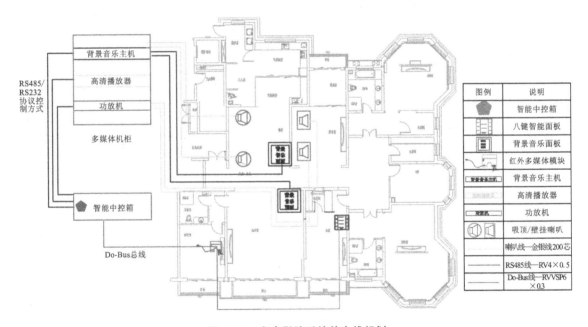

图 4.93　家庭影院系统的布线规划

5. 可视对讲系统布线

如图 4.94 所示,别墅型可视对讲系统与智能家居连接比较简单,具体如下。

(1)可视对讲系统包含可视对讲室内屏、可视对讲室外机、电子锁或电机锁等部分。

(2)可视对讲室内屏与室外机单独用 TCP/IP 网线连接到同一交换机上,室外机处预留总线接口。

(3)电子锁与电子锁联动器通过无线控制,联动器和协议转换器有线连接,协议转换器接

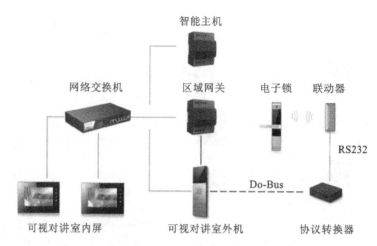

图 4.94 别墅型可视对讲系统与智能家居连接示意图

在总线上。

6. 安防监控系统布线

如图 4.95 所示,室内安防系统布线规划如下。

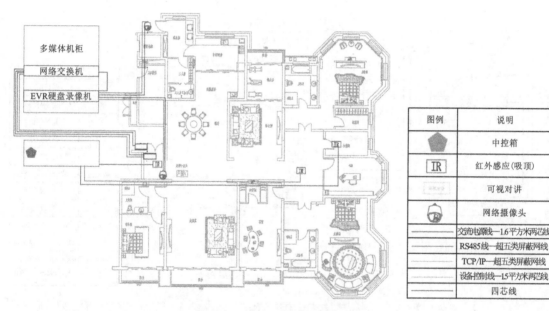

图 4.95 室内安防系统布线规划

(1)摄像头/可视对讲为数字类型设备,需要单独拉网线和电源线到多媒体机柜。

(2)传感器输出类型为电平信号,为便于安装管理传感器模块,模块统一放置于中控箱,所以需要每个传感器单独拉一个 RVV4×0.5 护套线到中控箱。

如图 4.96 所示,室外安防系统布线规划如下。

(1)庭院周围四角安装模拟摄像机,配置 NVR 网络硬盘录像机,存储监控录像;网络硬盘录像机再通过网络与智能主机交换数据。

(2)庭院周围四角安装入侵红外探测器、门口安装红外探测,为便于安装管理传感器模块,

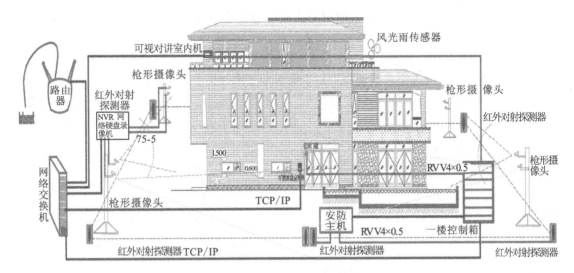

图 4.96 室外安防系统布线规划

模块统一放置于中控箱,所以需要每个传感器单独拉一个 RVV4×0.5 护套线到中控箱;入侵红外探测器需要单独拉线到安防主机,安防主机到智能控制箱拉一条网线,用于可编程网关与安防主机 RS232 协议控制。

(3)风光雨传感器为无线传感器,搭置无线网关接入智能系统。

(4)门口配置可视对讲门口机,门口机可与多台室内机进行语音对讲;门口机通过 Do-Bus 总线与网关通信;门口机与室内屏单独拉 CAT5e 网线到网络交换机,室内屏、门口机用一根 RVV2×0.75 线供电。

(5)路由器要连通外网,以便远程调试。

7. 智能家居的主机与网关

智能家居中控主机是家居智能化的心脏,通过它可实现系统信息采集、信息输入、信息输出、集中控制、远程控制、联动控制等功能。智能家居的网关通过转换不同协议来控制相应的智能家居产品以达到互联互通的效果,常见的有 KNX 与 RS485 的相互转换、TCP/IP 与 RS485 的相互转换等。

一般情况下,主机集成网关功能,所以主机又常带有相关协议接口,如硬件上需有 RS485、RS232、KNX 等接口,而且有部分智能家居厂家会在主机上设置显示屏用于本地直接控制,这样,简单功能配置就无须通过电脑来进行。主机可以保存设置过的配置文件,更改起来更为方便。智能家居主机可将家中许多相对独立的灯光照明、窗帘控制、暖通、家用电器、可视对讲、安防报警、视频监控等终端产品组合成一个统一的系统,从而方便地进行本地操作,也可通过互联网或无线网络实现远程控制。

智能家居中控主机的主要特点如下。

(1)智能家居中控主机作为整个控制的核心,稳定性必须要高,如果中控主机瘫痪,则会导致整个智能家居控制的瘫痪(KNX 产品除外,因为 KNX 每个执行设备地位相等,不存在主从关系)。

(2)中控主机作为协议的"翻译专家"必须有较高的开放性,需要兼容多种协议,这样才能对接更加丰富的智能家居产品。

（3）中控主机作为整个智能家居控制的执行端的对外"入口"，必须要有较高的安全性，这就要求与之通信的协议（TCP/IP）要做好加密工作，否则破解后可被任意控制。

（4）中控主机显示屏因其方便本地直观、快速控制的优点，被越来越多的智能家居厂家采用，但越来越人性化的人机交互界面背后更重要的是显示屏的稳定性，与手机等控制终端不同，中控屏一般安装在固定的位置，而且中控主机一般都需要供电或者连接有线设备，这就造成中控屏断电或者重启不太方便，而且死机或者控制界面不流畅都会造成较差的体验感，所以稳定可靠是中控屏的重要指标之一。

主机、网关总体应用图如图 4.97 所示。

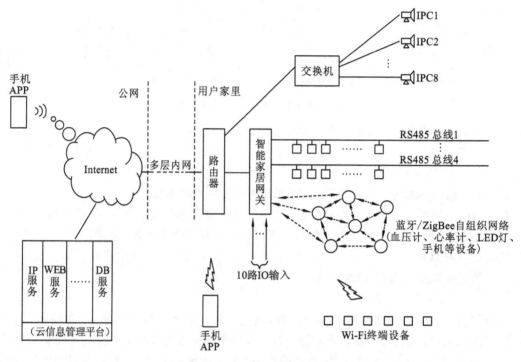

图 4.97　主机、网关总体应用图

主机、网关运行时序图如图 4.98 所示。

智能家居网关设备运行的系统是 Linux 操作系统，开发人员主要在 Linux 系统下编写应用软件，具体涉及多线程编程、网络编程、串口编程、WEB 编程、文件管理等。主机、网关软件程序整体架构图如图 4.99 所示。

8. 可编程主机与组态软件

目前国内应用较广的具有可编程能力的通用主机以进口品牌为主，主要有快思聪、Control4、塞万特和路创等，国产的有思美特、清立等。这些主机都配有专门的组态软件和界面设计软件，可以实现各种逻辑控制。现以思美特主机系统（见图 4.100）为例，简要说明一下这类主机设备的应用设计方法。

思美特第五代主控制器采用了全新的平台，其性能、可扩展性、第三方系统支持度和应用灵活性等均大大超过第二代、第三代主控制器，不仅如此，在整个控制架构上，也进行了全新设计，增加了很多实用的功能，而且针对智能家居各个子系统的第三方厂商产品，均采用了模块化设

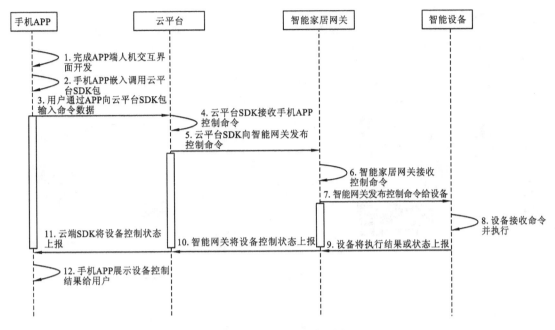

图 4.98 主机、网关运行时序图

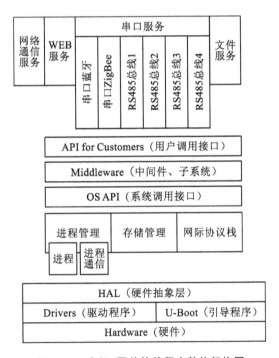

图 4.99 主机、网关软件程序整体架构图

计,只需要拖入并进行简单的配置就可以使用,大大提高了应用的便利性和操作的可靠性,广泛应用于大平层、别墅、会所等智能家居、影音房的控制和管理。

有了主控制器,通过二次开发平台,便可对任意系统进行定制和集中控制管理。思美特二次开发平台具有灵活、可视化、易学易用的特点,并且可以随时操作、增加新的逻辑功能和应用

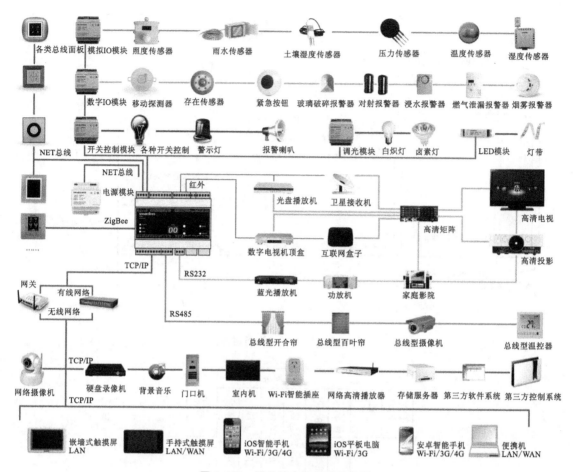

图 4.100　思美特主机系统结构图

模块,非常方便。思美特组态软件如图 4.101 所示。

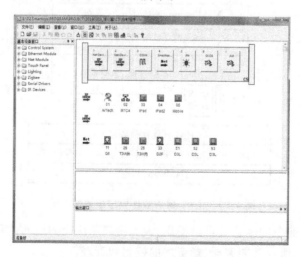

图 4.101　思美特组态软件

思美特有两个二次开发平台:Smart Control Builder 和 Smart Touch Designer。思美特二

次开发平台全面支持 Windows XP/Windows 7 操作系统,具有人性化的操作界面和交互的控制结构,为应用工程师提供了灵活、开放的可编程控制平台,工程师可以根据需要定制出功能强大的控制程序。Smart Touch Designer 界面生成工具如图 4.102 所示。

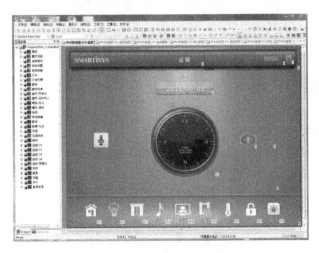

图 4.102　Smart Touch Designer **界面生成工具**

4.8　扩展阅读——物联网智慧社区

现代社区建设的科技化经历了从自动化、网络化到智能化的过程。随着物联网技术的发展,小区设备感知能力和智能信息处理的能力增强,许多设备不需要人工干预就能自动启动关闭或微调。智能化突出的是整个系统的自我调控能力及与其他硬件系统的联动。智慧社区能根据复杂的条件变化按照人工编制的程序进行智能化的信息处理和执行,体现了一定程度的智慧。

在智慧社区的综合技术应用中,实现多种设备、多个系统互联的物联网技术是基础;实施多种功能、多个人机应用服务接口有效融合和负载分配的"云计算"分布式是体现形式;话音、数据、电视、电力等多种基础网络的融合是支撑数字智能人文社区的框架。智慧社区的结构图如图 4.103 所示。

在智慧社区的每个家庭内部,各种家电、灯光、安防和环境质量传感模块、电控开关(电动窗帘、电动室内供水系统等),以及社区和公共网络服务终端(可视对讲室内机、宽带网关、电话等)通过物联网技术连接在一起,与社区和公共网络连接,进行信息交互。

在智慧社区中存在一个融合了话音、数据、音视频和控制信号的宽带基础社区网络,能为整个社区内部的各个功能子系统、各个家庭提供在社区范围内的信息交互,实现多种智能化功能。社区网络的一个关键组成部分就是社区综合服务系统平台(多种功能服务器),它是实现社区管理者、居民、服务提供者之间信息交流的基础,是多种应用服务的载体。社区网络的另外一个组成部分就是实现社区安全、管控、便捷服务的各个功能子系统(包括门禁系统、巡更系统、视频监控系统等),这些系统除了各自形成基于物联网和互联网技术的网络化系统之外,还通过社区宽带基础网络及社区综合服务系统平台联通成为一个全面覆盖社区的综合功能网络系统。

社区是构成社会(特别是城市)的重要单元,是联系政府公共服务部门和社会公共服务企业

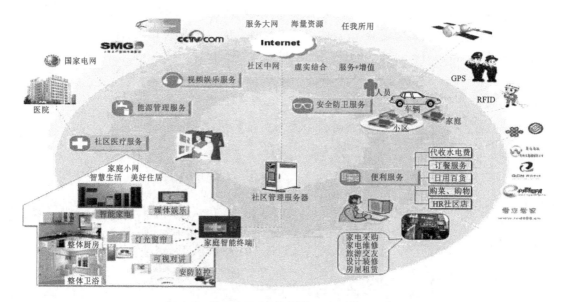

图 4.103　智慧社区的结构图

与普通家庭和居民的桥梁。智慧社区的一个重要功能就是通过电信、数据、电视、电力等多种基础网络设施与公共网络的各种资源链接,为社区内外进行信息交互、家庭成员通过公共网络和终端(电话、计算机等)与家庭和社区保持联系提供保证。

　　智慧社区内的计算及网络、物联网高度融合,能为社区居民提供即时社区内服务,如社区购物(买菜、买水果、叫外卖、买日用品等)、社区服务(家庭维修、家政服务、洗衣、理发、健美等)、周边服务(餐饮、鲜花礼品、饭店预订、宾馆)、社区公告、社区居民论坛、社区居民定位等。这些服务可分为社区购物和社区服务两大类。社区购物类涉及社区日用品、蔬菜、水果、桶装水、订餐等。社区服务类涉及社区健身中心、老年人活动中心、儿童托管中心、社区理发店、洗衣店、社区家政服务中心、社区电超市(代收各种费用)、社区家电体验店等。

第5章
综合设计案例

5.1　综合设计流程

　　智能家居综合设计是整个项目实施的关键步骤,需要整合用户需求分析、功能选项、设备选型、系统集成、数据采集、信息传输、施工实施等多方技术、方式、方法,来达到满足用户智能家居的生活需求。

　　智能家居综合设计流程包括用户需求分析、功能设计、终端设备点位设计、系统架构选择、管线设计、设备配置及报价设计、设计方案优化等。

5.1.1　用户需求分析

　　根据用户生活水平状况和需求程度等,做以下需求分析。

　　智能家居设计方案的核心内容是满足不同用户群体享受智能生活的需求。用户群体包括豪华别墅群体、普通别墅群体、大平层群体、普通平层群体。用户需求包括安全需求、健康需求、提高生活品质需求。安全需求包括人身安全需求和财产安全需求:人身安全需求主要包括防止非法入侵和针对老人、婴幼儿的安全看护;财产安全需求包括入户安全、财产监护及防盗。健康需求包括环境健康需求和人体健康需求;环境健康需求包括户内环境健康质量监测和户内环境健康控制和调节;人体健康需求主要包括人体健康数据采集、健康指导和健康信息互动。提高生活品质需求包括生活便捷性需求和生活舒适度需求:生活便捷性需求包括自动感应控制、自动程序控制、本地集中控制、本地遥控和远程控制;生活舒适度需求包括业主生活温湿度等环境质量满足业主健康和生活习惯的需求。

　　通过用户智能家居生活需求表格(见表 5.1),可以完整了解业主的综合智能家居需求。

表 5.1　用户智能家居生活需求表格

基本信息	位置:		房型:		房价:		装修投资:		人员组成:		职业:	
安全需求分析:迫切需求(√),一般需求(△),没有需求(×)												
需求分析	监控、报警		安全看护(对象)		智能门锁		红外探测(移动感应)		煤气泄漏报警		紧急按钮	
	需求度	建议	需求度	建议	需求度	建议	需求度	建议	需求度	建议	需求度	建议
迫切需求												
一般需求												
没有需求												
健康需求分析:迫切需求(√),一般需求(△),没有需求(×)												
需求分析	PM2.5 等		甲醛、VOC		温湿度		电动窗、遮阳		通风		新风	
	需求度	建议	需求度	建议	需求度	建议	需求度	建议	需求度	建议	需求度	建议
迫切需求												
一般需求												
没有需求												
提高生活品质需求分析:迫切需求(√),一般需求(△),没有需求(×)												

续表

基本信息	位置：		房型：		房价：		装修投资：		人员组成：		职业：	
需求分析	灯光控制		电动窗帘		空调、地暖、新风		背景音乐		无线覆盖		个性化（扩展功能）	
	需求度	建议	需求度	建议	需求度	建议	需求度	建议	需求度	建议	需求度	建议
迫切需求												
一般需求												
没有需求												

5.1.2 功能设计

智能家居的功能设计依据是用户的需求分析，包括室内外安全设计、家居健康设计、提高业主生活品质设计和基础设计四大部分。

室内外安全设计主要考虑室外安全和室内安全。室外安全包括视频监控、室外周界报警、入室安全门锁、室内外可视对讲或可视门铃，设计思路在于防患于未然，将安全隐患阻止在室外，不能纯粹依靠安全事故发生后的数据查询。在进行室内外安全功能设计时尽量设计安全与音响、灯光、电动窗帘等设备的互动功能，对非法入侵者进行提前预警。

家居健康设计功能包括室内环境质量监测和环境控制。环境质量监测涉及 PM2.5、PM5、PM10、PM25、甲醛、VOC、CO_2、温度、湿度、光照度等；环境控制不仅需要结合业主已经安装的设备，包括新风机、中央空调、分体空调、排风设备、电动窗户等，还需要结合业主对环境的敏感度、生活习惯、室外环境生态等因素。

1. 功能设计选项 1

功能设计选项 1 如表 5.2 所示。

表 5.2 功能设计选项 1

设计分类		设计项目	设计目的	设计内容
室内外安全设计	室外安全	视频监控	把安全隐患最大限度地拒之门外	网络摄像机、硬盘录像机选型
		报警		周界报警、视频移动侦测报警
		报警联动		联动音乐、灯光，远程视频推送
	入室安全	智能门锁	所有业主的心理安全防线——提高入室门的安全	信息推送、离家布防、胁迫报警
		可视门铃		语音视频互动，保留数据信息
		远程互动		通过 APP 远程音视频互动
	室内安全	移动感应	针对特殊群体强调安全看护，弱化室内报警的作用，关键在于实时互动	红外探头、微动探头、存在感应器
		紧急求助		有线、无线紧急按钮
		水、电、煤气安全		煤气泄漏、漏水预警、电气安全
		安全看护		儿童看护、保姆监控、老人看护

续表

设计分类		设计项目	设计目的	设计内容
家居健康设计	环境监测	PM2.5	在投资可接受的前提下是所有业主的需求	数据实时动态监测,基本不可控
		甲醛、VOC		数据实时动态监测,可以控制
		温湿度		数据实时动态监测,可以控制
	环境控制	空调	根据可控设备,实时改善室内环境质量	本地控制、远程控制、自动控制
		新风		本地控制、远程控制、自动控制
		通风		本地控制、远程控制、自动控制

2. 功能设计选项 2

提高业主生活品质设计需要结合业主的住宅性质、生活习惯、投资状况,在确保智能家居本地控制、远程控制、自动控制、集中控制、分路控制等基本功能的前提下,适当考虑业主的个性化需求。个性化需求主要通过设计专业设备和软件设置来完成。

基础设计是整个系统的基础保障部分,包括选择系统架构、集控设备箱、终端设备选型、数据传输线路、输出回路、输入回路、预留中继、预留节点、进户网络、无线覆盖等。功能设计选项 2 如表 5.3 所示。

表 5.3　功能设计选项 2

设计分类		设计项目	设计目的	设计内容
提高业主生活品质设计	生活便捷	本地控制	所有业主的需求,前提是基本不改变生活习惯	普通开关、复位开关、液晶面板
		远程控制		手机 APP 控制
		自动控制		时间控制、环境指标联动控制
	美观设计	多种面板选择	从外观及表现形式上体现智能家居与传统家居的本质区别	普通开关、复位开关、液晶面板
		手机、平板 APP		APP 操作界面
		中控液晶屏		代替多个面板
	个性化设计	个性化定制化功能	智能家居的亮点,前提是根据不同消费群体提供合适的解决方案	根据业主生活习惯定制
		语音交互机器人		语音控制、数据交互、信息平台
		接入智能家电		目前少部分家电可以接入
		接入智能穿戴		儿童看护、老人看护、宠物看护
基础设计	网络	外网接入	刚需	接入宽带,选择路由器、交换机
		无线覆盖		选择高品质的无线设备
	管线	智能家居系统架构	强调智装设计方案,满足将来智能家居扩展需求,大部分业主都能认同	可靠的有线、无线介质的系统需要智装设计
		管线预埋		标准化施工
		管线预留		总线预留、中继预留、网络预留
		节点预留		输入、输出节点预留,扩展预留

5.1.3　终端设备点位设计

终端设备点位设计是整个设计方案的关键部分,可以最大限度地减少设计漏项和优化设计方案,设计原则是满足业主的生活需求和生活习惯。

不同的功能区域设计不同的墙装面板。面板包括液晶屏、集控面板、复位开关和翘板开关。例如,出门口建议安装集控面板,客厅建议安装液晶屏,床头两侧建议安装复位开关等。

控制回路包括输入回路、输出回路和总线回路,根据需求分析、功能设计方案和场景功能选择调光回路、非调光输出回路、IO输入回路和总线回路的控制方式。

终端设备的选型决定控制方式的选择,可以通过直接负载输出驱动、总线信号控制、开关量控制、无线控制等多种方式对空调、地暖、新风、窗帘、门锁等终端设备进行控制。

预留设计是满足智能家居将来可扩展的保障,包括无线网络预留、蓝牙接收点预留、ZigBee中继预留、总线预留、传输节点预留和电源预留等。

终端设备点位设计如表5.4和表5.5所示。

1. 终端设备点位设计1

表5.4　终端设备点位设计1

序号	功能区域	墙装面板							可控回路				可控终端设备							
		Pad	液晶面板	总线面板	六键复位	四键复位	三键复位	四键翘板	三键翘板	非调光回路	调光回路	电源回路	输入回路	空调	新风	地暖	排风	电动窗户	电动窗帘	背景音乐	智能门锁
1	门厅					1				1			4								1
2	通道								1	2			1								
3	客厅	1	1							2	1			1	1	1			1	1	
4	餐厅					1				1	1		4	1					1		
5	厨房					1				1		2	4				1				
6	前阳台						1			1			3					1			
7	后阳台						1			1			3					1			
8	主卧			1				2		2	1	1	4	1		1			2	1	
9	主卧卫生间				1					2	1	1	8			1					
10	次卧			1				2		1	1	1	4	1		1			2	1	
11	客卧			1				2		1	1	1	4	1		1			2	1	
12	公共卫生间			1						2		1	6			1					
13	室外												1								
合计		1	1	2	3	3	2	6	1	17	6	6	46	5	1	4	3	2	8	4	1

2. 终端设备点位设计2

表5.5 终端设备点位设计2

序号	功能区域	监控、红外、报警设备								网络及预留				
		视频监控	移动感应	光感应	方向幕帘	微动感应	存在感应	门磁	紧急按钮	无线AP	有线网络	预留中继	预留节点	预留声控点
1	门厅	1	1					1				1		
2	通道		1										1	
3	客厅			1					1	1	2	1	1	1
4	餐厅													
5	厨房													
6	前阳台		1		1									
7	后阳台		1		1									
8	主卧			1					1	1	2	1	1	1
9	主卧卫生间		1				1							
10	次卧								1	1	2	1		1
11	客卧								1	1	2			1
12	公共卫生间		1			1								
13	室外	1												
	合计	2	6	2	2	1	1	1	4	4	8	4	3	4

5.1.4 系统架构选择

系统架构是整个智能家居系统的核心,主要考虑以下几个方面。

1. 稳定性

不同的户型可以选择不同的系统架构,大平层原则上选择 KNX、RS485 等总线架构,普通平层可以根据设计内容选择有线或无线方案。

2. 可扩展性

可扩展性包括网关的可扩展性、终端设备的可扩展性和 APP 的可扩展性。网关(或中控主机)的可扩展性需要考虑外网的接入(建议采用千兆网)、总线的数量、可集成的第三方设备等;终端设备的可扩展性需要考虑系统是否支持有线设备或无线设备的接入;APP 的可扩展性需要云平台、网关和 APP 本身的功能扩展模块的支持。

5.1.5 设备配置及报价设计

智能家居系统设备配置及报价设计是整个设计方案的关键部分,需要考虑子系统设计、设备选型、综合管网设计、项目实施、项目计费等因素。子系统设计的依据是需求分析和功能设计,需要结合系统的集成能力和各子系统的相互关联;设备选型需要考虑功能的实现和综合投资情况,设备选型以安全稳定为唯一选择原则;综合管网设计需要结合系统架构和户型装修方案,遵循安全原则、可维护原则、最经济原则;项目实施需要结合项目进度和项目现场的实际情况制定最优化实施方案,包括项目现场管理、项目进度、安装调试方案等;项目计费需要结合综合成本预算、施工费用、管理费用、维护费用、项目利润率、税金等因素。

5.1.6 设计方案优化

设计方案优化包括设备选型优化、施工方案优化、报价方案优化、维护方案优化。

设备选型优化包括网关设备优化、执行器模块优化、管线敷设优化、终端设备优化等,优化的原则是在不改变安全性和稳定性的前提下实现最高的功能投资性价比。例如,电动窗帘控制功能,可以采取双火线控制、开关量控制和总线控制三种方式,优化的对象包括执行器模块、现场电源线路敷设、窗帘电机的选型,在输出回路资源不够的情况下可以考虑选择总线窗帘电机,在输出回路资源充足的情况下可以考虑双火线。

施工方案优化包括设计图纸优化、管线敷设优化、预留设计优化,优化的原则是设计图的合理性和完整性,管线敷设的合理性和经济性,预留设计的可扩展性和可操作性。

报价方案优化包括主要设备优化、辅助设备优化、施工管理优化、报价合理性优化,优化的原则是主要设备必须满足系统的稳定运行和可扩展需求,辅助设备性价比高,施工管理科学、合理、高效,系统报价必须要确保合理的利润。

维护方案优化包括资料档案管理优化和系统维护优化。资料档案包括设计文档、施工文档、变更文档、维护记录文档。系统维护包括维护预案和故障应急处理:维护预案需要结合系统设计方案、设备选型列出可能出现的故障现象,设计定期维护方案,确保系统正常、稳定运行;故障应急处理包括远程故障排查和现场故障处理,远程故障排查可通过实时动态监测、远程诊断、远程系统升级等多种方法来解决。工程实施流程图如图5.1所示。

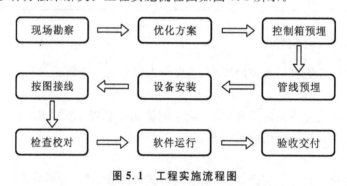

图 5.1 工程实施流程图

5.2 智 能 公 寓

5.2.1 智能公寓的概念

随着我国国民生活品质要求的不断提高,商品住宅智能化精装修在房地产行业蓬勃发展的背景下取得了长足的发展。目前,依据住宅智能化品类,智能化精装项目分为两种形态:偏工程类和偏消费电子类。

1. 偏工程类公寓智能化产品

这类产品以传统智能家居企业、智能建筑设计单位为代表,智能化设计一般包括光照控制、温度控制、多媒体控制和安防控制。系统主干网采用 TCP/IP,子系统内部用私有总线进行补充。如某控制系统由 4 层结构组成,即智能主机、网关、设备和 TCP/IP 摄像头。网关与主机、摄像头通过 TCP/IP 相连于同一个交换机上,设备与网关通过私有总线相连。

2. 偏消费电子类公寓智能化产品

这类产品以美的、苏宁等企业为代表,系统采用 APP、云、智能路由器和终端消费电子产品。终端消费电子产品通常包括空调、热水器、窗帘、灯具、摄像头、电视、电饭煲、空气净化器等。云端的大数据还会给业主提供家庭环保、营养美食、运动健康、家装安防、影音娱乐等信息和衍生功能。

5.2.2 智能公寓的功能

偏工程类公寓智能化产品与偏消费电子类公寓智能化产品相比,前者更为成熟,应用得比较广泛,而后者目前仍处于探索阶段。本书中的酒店公寓以偏工程类设计为例,设计的对象为四室两厅两阳台的公寓户型,面积约为 150 m^2,如图 5.2 所示。

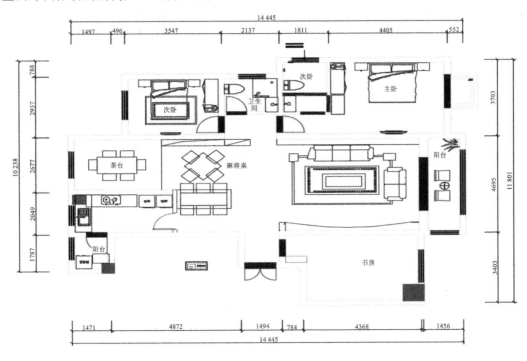

图 5.2　四室两厅两阳台的公寓户型(单位:mm)

1. 玄关感应

当住户进入玄关时,可以通过人体感应器自动触发"回家模式",将门厅、走廊的灯依次打开(灯光 100%),客厅布帘打开,电视机打开,空调开启,还可以通过远程控制先将空调打开,这样就能给刚回家的住户提供适宜的温度。

2．客厅场景

点击"观影模式"，一键执行即可将电视机和机顶盒打开、布帘关闭、灯光调节到 30％，通过 Pad 来切换电视节目，观看数字电视、DVD、网络电视。当用户觉得灯光亮度不舒服时，可以通过遥控器调节亮度，自由地选择调节区间（1％～100％），还可以根据用户的喜好来调节香格里拉帘的角度（135°、90°、45°、0°），不同的角度给人不同的感觉。

3．自动卫浴

点击"洗浴模式"，将灯光调节到 30％、推窗器关闭、百叶帘关闭、排气扇打开，可以舒适地享受卫浴，也可以直接使用遥控器关闭百叶帘和调节灯光亮度。

4．卧室场景

卧室设置有开关灯、调光灯、红外多媒体模块、开合帘、地脚传感器；门口和床头设置有场景面板，可一键执行观影、起床、起夜、睡眠、窗帘开关等模式。当用户在观影过程中进入睡眠，而卧室的电视还在播放时，通过定时器可以在夜里将电视、灯光等自动关闭。炎热的夏季为了避免在空调低温下入睡，只需启用定时功能，到了指定时间空调便会自动调整到指定温度。夜间起床时，地脚传感器会触发起夜模式，可以让卫生间的灯光亮起，卧室内灯光微亮，这样既可以达到照明的目的，又不会让人感觉到刺眼。

5．自动阳台

阳台配置有入侵红外探测器和摄像头，这些设备能实时监控阳台的影像，触防时 APP 会推送报警信息。阳台还配置有遮光卷帘，既能遮光，又能保护住户的隐私。

5.2.3 智能公寓的设计

根据控制需求，控制系统由 4 层结构组成，即智能主机、网关、设备和 TCP/IP 摄像头。网关与主机、摄像头通过 TCP/IP 相连于同一个交换机上，设备与网关通过 VillaKit 总线相连，如图 5.3 所示。

光照控制包括各个回路的灯光和电动窗帘的电机控制。灯光控制是指采用目前前沿调光技术对 LED 筒灯、LED 灯带进行从 1％到 100％的无级曲线调光，同时增加 RGB 调光模块让灯光更加绚丽多彩，灯具火线统一布线到中控箱，便于集中控制和管理，再结合杜亚开合帘电机的行程比、百叶帘的行程比及角度（0°～180°）调光功能，让采光更加柔和自然，对视力有一定的保护作用。温度控制是指公寓内的空调控制。公寓户型一般采用分体式红外空调，可利用单体红外空调插座模块接入 Do-Bus 总线，实现手机 APP 控制和远程控制及原有遥控器并用功能，再结合电动窗帘的行程比和角度调光功能，改变百叶帘片对阳光的反射角度，从而让室内的恒温效果更佳，达到节约能源、降低能耗的目的。多媒体控制是指各房间内的电视机观影控制。公寓户型一般采用红外控制的电视机，信号源为网络机顶盒或闭路线，可利用单体红外多媒体模块接入 Do-Bus 总线，实现手机 APP 控制、智能面板控制。场景控制可一键执行，具有状态反馈功能及原有遥控器并用功能。

公寓的安防系统包括监控设备、传感设备、报警设备。传感设备通过总线安防模块接入系统，结合与杜亚系统 TCP/IP 协议对接的萤石系列摄像头，实现对住宅的实时监控，一旦触动室内报警器，通过远程服务器信息推送功能，手机客户端 APP 立刻会收到报警信息，摄像头支持远程查看。

灯光包括普通开关灯 20 路、LED 单色灯带调光 3 路、LED 筒灯调光 9 路、RGB 调色灯带 2

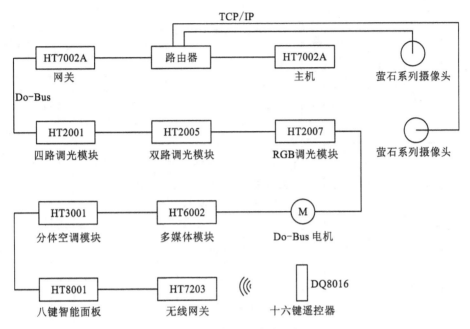

图 5.3   控制系统的组成

路。LED 单色灯带调光需配置 LED 灯带恒流调光驱动器,所接负载工作电流不得超过驱动器的额定 12.5 A,灯带只能并联连接,避免首末端灯带有色差。RGB 灯带调色模块内置 PWM 调光驱动器,需要外置大功率开关电源(12 V/24 V)给灯带供电。智能开关包括普通开关 2 个、智能八键面板 14 个、十六键遥控器 2 个。普通翘板开关可灵活选配翘板开关、轻触开关,搭配四路干触点模块控制单体设备或场景。八键智能面板选择与室内装修风格一致的黑色面板,面板按键可定制按键功能标注(镭雕字体),为使用更加灵活便捷,配置十六键智能遥控器,可控制单体设备或场景。照明控制子系统点位采集表如表 5.6 所示。

表 5.6   照明控制子系统点位采集表

设备/区域	普通开关灯	LED/白炽灯调光	RGB灯带调光	控制回路数量			调光灯具类型	调光灯具单个功率	安装位置	单路控制最大量	智能面板				无线扩展	备注
				普通灯	调光灯	调色灯					翘板轻触	数量	八键面板	数量	十六键遥控器	
门厅	√	√		1	1		单色灯带	11 W/m	门厅顶部中心	5 m			√	1		
走廊	√			2									√	1		
客厅		√	√		2	1	LED 筒灯 LED 灯带	7 W/个 10 W/m	客厅顶部中心周边	10 个 15 m			√	2	1	

续表

设备/区域	普通开关灯	LED/白炽灯调光	RGB灯带调光	控制回路数量			调光灯具类型	调光灯具单个功率	安装位置	单路控制最大量	智能面板				无线扩展	备注
				普通灯	调光灯	调色灯					翘板轻触	数量	八键面板	数量	十六键遥控器	
餐厅	√	√	√	1	1	1	LED筒灯 LED灯带 RGB灯带	7 W/个 10 W/m 11.5 W/m	客厅顶部中心周边	8个 10 m 10 m			√	1		
厨房	√			4			LED筒灯	7 W/个	厨房顶部	6个			√	1		
书房		√			2		LED筒灯	7 W/个	书房顶部	6个			√	1		
主卫	√			3									√	1		
主卧	√	√		2	3		LED筒灯	7 W/个	主卧顶部	8个			√	2		
次卫	√			3									√	1		
次卧	√	√		1	2		LED筒灯	7 W/个	次卧顶部	8个			√	3		
麻将台	√	√		1	1		LED筒灯	7 W/个	麻将桌顶部	2个					1	
阳台	√			2							√	2				

电动窗帘子系统包括卷帘、木百叶、铝百叶、香格里拉帘、开合帘及推窗机。其中，卷帘、木百叶帘、香格里拉帘选用总线协议的管状电机（DM35F/D）控制，电机内置 868 MHz 协议可配置本地遥控器；铝百叶帘选用直流管状电机（DV24DB/XA）、Do-Bus 总线协议控制，可实现行程比和百分比调光功能；推窗机为标准型交流电机，选用交流标准型电机模块控制，模块安装于中控箱内，具有手动开/关/停功能。多媒体设备控制方式为红外控制，控制电视机 3 台、机顶盒 3 台；为便于灵活安装和独立控制，选用多媒体红外插座模块，模块安装于国标 86 底盒；暖通控制采用格力分体式空调，选用单路红外空调插座模块控制，模块安装于国标 86 底盒。安防监控采用通用安防系统，配置摄像头 2 个、人体感应器 10 个、入侵探测器 2 个、声光报警器 1 个；传感器输出类型为 12 V 直流电平信号，利用四路电平输入模块控制联动报警器，实现安防报警及报警信息推送。各系统点位表如表 5.7 所示。

表 5.7 各系统点位表

设备/区域	电动窗帘子系统点位						红外多媒体类子系统点位		安防监控/传感器子系统点位			
	卷帘	铝百叶帘	木百叶帘	香格里拉帘	开合帘	推窗机	电视机	机顶盒	萤石系列摄像头	红外人体传感器	入侵红外探测器	声光报警器
									室内机			
门厅										1	1	1
走廊											2	
客厅					2		1	1	1			
餐厅									1			
厨房						1					1	
书房			1						1			
卫生间		2				2					2	
茶几				1					1			
主卧					2		1	1	1		2	
次卧					2		1	1	1		2	
阳台	3									2		2

5.3 智能酒店

5.3.1 智能酒店的概念

随着科技的不断进步,全球各地的酒店也全都是尽可能地提高酒店管理中的科技含量,提高个性化的服务程度和整个酒店的服务效率。比如:在位于东京的东京半岛酒店中,顾客可以通过酒店走廊中的按钮,在各个墙壁中显示温度、湿度等信息;希尔顿逸林酒店位于莫斯科,该酒店可以利用照明系统,调节灯光的类型、亮度,还可以设置各种场景模式,为顾客提供各式各样的体验。利用这项技术,酒店的墙面上就不需要设置各种各样的传统开关,墙面变得更加的简洁,但是控制电器变得更加高效、便捷。拉斯维加斯的一家名叫 The Line 的酒店,其客房集智能灯光、智能恒温器、智能窗帘等高科技技术于一体,任何到酒店休息的顾客,都可以通过扫描酒店大厅的二维码,下载一个指定的 APP,利用这个 APP 可以控制酒店客房里的智能灯光、智能窗帘等高科技设备。近年来,国内的酒店企业也在做这方面的尝试。

5.3.2 智能酒店的一般功能

国内高端星级酒店应用的智能化项目比较多,本书以面积为 54 m² 的某酒店套间客房为例讲述智能酒店的设计。要求控制客房内的灯光、窗帘、空调、电视机及门铃按钮等。智能酒店户型图如图 5.4 所示。

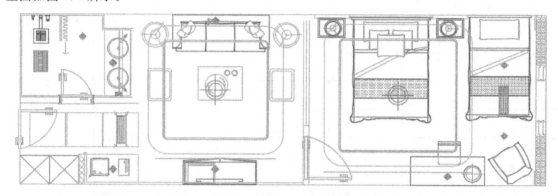

图 5.4 智能酒店户型图

1. 门口

门外设计电子门铃及"勿打扰""请打扫"面板开关,利用干触点输出信号,提高酒店服务品质。门内插卡取电,通过干触点信号控制房间内的电源通断,自动进入"迎宾模式",灯光、窗帘自动打开,空调自动开启通风,电视机自动播放节目;离开时拔出卡片,灯光延时关闭,窗帘、空调自动关闭,电视机进入待机状态;另外配置的多功能智能面板上集合了灯光场景、电动窗帘、观影及洗漱场景,通过一键执行模式,让客人拥有非同一般的入住体验。

2. 卫生间

当客人进入卫生间时,通过人体存在感应器,卫生间的灯光会自动亮起,排气扇会自动打开通风,RGB 三基色灯带也会自动打开。通过卫生间门口的场景面板,客人可便捷地调整室内的照明环境,营造一个理想的洗浴或洗漱的环境氛围。

3. 会客厅

会客厅配置红外多媒体模块控制电视机,电视机本地遥控可以和智能遥控器并用;当客人想观影时,只需要一键执行"观影模式",电视机便会打开,主灯光便会关闭,RGB 灯带便会自动调节亮度或颜色,窗帘便会自动关闭遮光;同时可以设定观影结束预定时,在夜里 11 点让电视机音量降低,可实现夜间观影不会音量太大而叨扰别人的同时,起到提醒客人早点休息的目的;客厅配置无线遥控器,当观影时,可以一键实现对灯光、窗帘、空调的控制,无须起身去操作面板。

4. 主卧室

在卧室床两边配置有场景面板和窗帘开关面板,体贴的设计勿打扰、请打扫、起床模式、起夜模式、睡眠模式等;设计模式结合灯光开关、灯光调光调色、窗帘的开关及空调温度的调节,提高客人的入住感受,让客人有非同一般的入住体验。

5. 前台

可设定空调定时,夜间 12 点空调温度自动调整为健康模式;配置手持遥控,可一键开启迎宾模式;使用可编程网关通过 TCP/IP 协议在 PC 端来管理控制所有的客控模块,通过 PC 设置不同的场景来达到总控与分控。

5.3.3　智能酒店的设计

根据酒店户型和控制需求分析,可以采用一体化智能主机和可编程网关来实现所有客房集中控制。一体化主机和可编程网关通过 TCP/IP 通信实现数据交换,每个房间利用一体化智能主机单独控制,同时利用烟雾探测器干触点输出信号与酒店整体消防联动,消防报警时切断房间电源,保证酒店安全;每个房间设计单独控制箱控制本房间的设备,前台的总控通过可编程网关在 PC 端来实现控制。

酒店智能控制系统由一体化智能主机和外部总线模块组成。一体化智能主机包含 2 路 16 A 继电器输出,14 路 10 A 继电器输出,1 路 0~10 V 输出,3 路 PWM 信号输出,8 路干触点信号输出,8 路干触点信号。

Do-Bus 端口总线可外接 20 个智能总线设备,包括窗帘电机、灯光模块、红外多媒体模块、传感器、无线网关、智能面板等;Mod-Bus 端口总线内置亿林空调协议,可控制通用风机盘管类中央空调。

控制点位信息采集表如表 5.8 所示。

表 5.8　控制点位信息采集表

区域 \ 设备	灯光类		窗帘类	多媒体	暖通	控制面板				传感器		监控	其他	房间数量
	普通灯	RGB灯带	开合帘	电视机	空调	插卡取电	门铃面板	遥控器	场景面板	烟雾探测	人感	摄像头	门铃	
客房	9	3	3	1	2	1	1	1	4	1	1		1	86

一体化智能主机如图 5.5 所示。

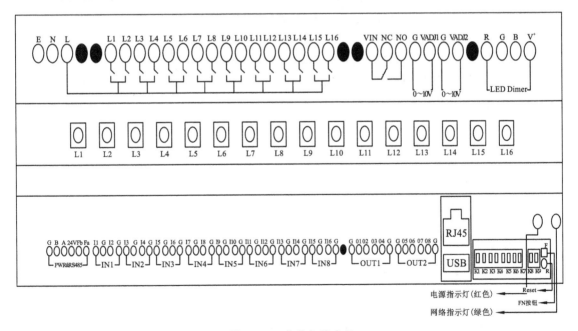

图 5.5　一体化智能主机

5.4 智 能 别 墅

5.4.1 别墅智能化的概念

我国别墅智能化起步较早,主要集中在高端别墅项目中。别墅智能系统相对于酒店、公寓系统来说是一个复杂的系统,涉及计算机、通信、控制、互联网等领域的技术。智能化系统通常面向家庭、住宅小区和社会性公共服务管理部门三个层面,通过为家庭直接提供便利,为小区及社会性服务与管理机构提供先进的管理服务手段,从而为家庭营造安全、舒适、便利的生活环境。别墅智能化系统以网络技术为基础,将各类网络技术综合运用于家庭和住宅小区,使各类传感器、自动控制设备、数据采集设备、信息显示设备直接连接于网络,从而形成网络化的管理控制系统。别墅智能化系统设计需满足以下原则。

(1)满足建设部三星级智能化和"设计文件"中智能化系统集成技术和功能的要求。

(2)采用控制网络与信息网络综合技术。

(3)采用系统集成技术。

(4)实现网络化家庭安全及自动化监控功能。

(5)系统设计先进,选型产品成熟可靠。

(6)选型系统、产品价格合理,满足中上等消费水平家庭的承受能力。

5.4.2 别墅智能化的一般功能

图 5.6 所示是 1200 m² 别墅户型图,需要做室内全宅智能控制和庭院智能控制。室内全宅智能控制包括灯光控制、窗帘控制、多媒体控制、空调控制、安防监控、可视对讲、电子开锁;庭院智能控制包括灯光控制、遮阳控制、智能车库安防监控等。

1. 系统集成设计

(1)将可视对讲显示和操控信息显示集成在同一个操作显示控制面板上。

(2)通过一体化的硬件设计,将家庭安防、家庭自动化控制、可视对讲、三表数据采集、信息发布与留言五大功能集成在统一的家庭智能化显示和操作平台上。

2. 家庭安防功能设计

家庭安防功能设计涉及红外探头、门窗磁、紧急按钮、煤气泄漏探头、火警探头等报警功能。

(1)可视对讲功能。

(2)IC 卡门禁功能。

(3)电话及网络报警功能。

(4)室内无线按钮布撤防和紧急报警功能。

(5)布防时室内报警探测器预检测功能。

(6)逻辑报警功能。

(7)主人房控制面板报警状态显示功能(只限于连线式控制面板)。

3. 家庭自动化功能设计

家庭自动化功能设计涉及室内空调、照明、家用电器、窗帘等控制功能。

(1)客厅控制面板操控功能。

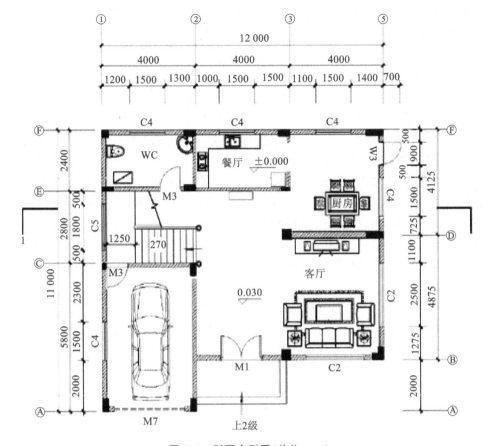

图 5.6　别墅户型图（单位：mm）

（2）室内外电话控制功能。

（3）互联网浏览器控制功能。

（4）主人房控制面板操控功能（可分为连线控制或无线控制两种控制模式）。

4．可视对讲功能设计

（1）将可视对讲与家庭安防和自动化控制集成在同一个显示与操作面板上。

（2）实现三方通话功能。

（3）实现与 IC 卡门禁系统的联锁联开功能。

5．四表数据采集与显示功能设计

四表数据采集与显示功能设计涉及生活水表、饮用水表、电表、煤气表。

（1）四表数据自动采集与远传功能。

（2）客厅控制面板四表数据显示功能。

（3）互联网浏览器四表数据查询功能。

（4）主人房控制面板四表数据显示功能（只限于连线式控制面板）。

6．信息显示与家庭留言功能设计

信息显示与家庭留言功能设计涉及 WAP 手机和互联网浏览器。

（1）显示物业管理中心发布的物业通知信息功能。

（2）显示在外住户通过互联网浏览器发送短的消息或留言功能。

(3) 主人房控制面板信息与家庭留言功能(只限于连线式控制面板)。

网络智能样板房功能设计应满足上述六个方面的系统功能设计目标的要求,以下对家庭智能化系统所具有的智能化功能分别详细说明如下。

1. 家庭安防功能说明

家庭安全及防盗报警功能是为了保护住宅内的人身财产的安全。通过住宅室内安装的家庭智能单元和各种报警探测器进行防盗监控和意外事故监控。当发生非法入户抢劫盗窃,或发生火灾、煤气泄漏,以及疾病紧急求助时,报警信息会立即传送到报警管理中心和住户所设定的报警电话上,报警管理中心计算机图像显示器上也会立即弹出报警住户位置图及相关的报警住户家庭资料,以使保安管理人员及时准确地了解报警状况和迅速地处理事件。其中,报警传感器主要包括防盗报警探测器(红外探头、门窗磁开关)、安全报警探测器(火警探头和煤气泄漏探头)、紧急求助报警按钮(固定式或无线式报警按钮)。

家庭智能单元主机基本配置可提供 8 个报警监控区,每个防区安装报警传感器用于感应闯入者或其他危险状况,防区的布防模式主要包括以下三种模式。

1)"离家"保护模式

该保护模式适用于屋主离开房屋而室内无人的情况。当屋主离开室内时,按动无线遥控器上的"离家"按钮,系统会留出足够的宽容时间供屋主出门(通常是 45 s)。屋主也可以通过客厅控制面板输入密码,或通过市内电话输入密码设置"离家"保护模式。如果离家时忘记设防,也可以在外面打电话回家设置"离家"保护模式。

2)"在家"保护模式

当屋主到家时,在大门外或者进大门后,按动无线遥控器上的"在家"按钮,即可将系统设置为"在家"保护模式。系统留有预报警的宽容时间(通常是 45 s),屋主也可以在进入室内后通过客厅控制面板或电话机输入密码设置"在家"保护模式。"在家"保护模式的报警探测器的设防状态由软件设定(如分区保护模式)。

3)"部分"保护模式

"部分"保护模式是考虑到家中有人时,可将门窗和部分房间的报警探测器设置为报警状态;当有盗贼进入上述设防区域时,系统就会发出警报。

家庭智能单元主机提供的防区对传感器的状态进行逻辑分析和判断,可有效删除误报而又不会造成漏报,这是安防系统的关键所在。家庭智能单元主机通过软件设定和逻辑判断功能来删除误报警,提高系统确认报警的准确率(系统误报率在 1‰ 以下)。传统的同类产品目前都无法解决因误报产生的"狼来了"的现象。迄今为止,还没有一个厂商的家庭保安系统产品可以达到像家庭智能单元主机如此低的误报率。家庭智能单元主机可通过以下两种方式来删除误报警。

第一种方式是通过软件方法来调整红外线报警探头的灵敏度,设置传感器合理的最小触发脉宽,并定义确认报警时应最少记录传感器被触发的次数(通过系统软件可以对报警探头灵敏度进行设置),可以有效地删除如雷电和其他干扰引起的系统误报警。

第二种方式是家庭智能单元主机将报警区域分为外层报警区(P)、第二层报警区(S)、核心报警区(T)和关键区(K)四个报警区域,同时分别给每一个报警探头设定一个报警级别(P、S、T、K)。通过系统软件建立起这些报警区域与各个报警探测器报警级别之间在时间和空间上的逻辑关系,所建立的逻辑关系完全符合盗贼作案的行动逻辑,因而可删除不符合上述逻辑的误报警。

家庭智能化系统提供了人性化设计的多种设布防方式。例如,无线遥控器设布防,这种方式是指屋主可以在门内或出门后设布防,免去了通过键盘输入密码设布防的麻烦。在离家前,屋主可以通过客厅控制面板检查门窗是否关好。在必要的情况下,屋主可以通过智能键盘或室内电话输入密码设布防。如果屋主离家时忘记设布防,可以打电话回家设布防。

家庭智能单元主机发出的经过确认的报警信息,将通过 eCG 网关和小区局域网传送至小区报警监控中心,通过设置在住宅小区中央监控中心的电脑,实现整个住宅小区对所有安装家庭智能单元主机的家庭用户进行集中的保安报警管理。保安管理人员可以通过电脑显示器确认报警点的位置和状态。当家庭安防报警主机接到报警时,即产生一条报警信息,同时伴有报警警铃声,CRT 上显示闪烁的红色报警灯。值班保安员点击该报警信息条上的红色确认按钮,此时确认按钮转为绿色,警铃声停止,红色报警闪灯转为绿色,同时显示器上弹出该住户家庭安防报警主页和网络摄像机家庭监视图像。保安员可以查询家庭成员的基本状况和联络电话,系统也可提供更多的相关信息,以供小区保安人员及时和正确地进行报警处理。报警信息可以通过网络上传到小区智能物业管理中心数据库,是小区物业的重要管理信息。由于该系统采用浏览器平台,管理人员只需使用局域网内的任何一台普通电脑即可执行浏览监控任务,因此报警监控系统可以同时监控多个同时发生的报警事件。如果保安人员外出巡逻不在保安室,可以就近使用局域网内的任何一台电脑进行监控。浏览器平台也使得在外工作的住户和公安机关等社会性管理服务机构能在远处通过互联网同时监控报警事件。传统的产品一般只能监控一个报警事件发生点,不能对多个报警事件同时进行监控,也不能使多人在不同地点同时监控同一报警事件。监控电脑的图形化显示方式将报警住宅的所有传感器的状态和位置同时显示在电脑屏幕上,通过浏览器的自动或手动刷新,可以不断地了解入侵者的最新动向。

当一个确定的报警发生时,家庭智能单元主机可以实现联动响应,系统可以联动报警灯、扬声器和照明灯光以吓退盗贼。屋主也可以通过互联网络浏览家庭页面,监视家庭报警状态,同时也可以与 Web 摄像机配合,进行实时图像监视。

系统的各个部位都具有有效的防拆报警功能,如传感器断路/短路报警、主机箱防拆报警、总线网络防拆报警、网关和局域网设施破坏报警、后备电池电压过低报警、抄表断路报警等。

家庭智能单元主机内置充电器并连接后备电池,当自检发现交流电源失电时,系统会自动切换到直流电池上供电,供电时间可长达 24 小时以上,当交流电源恢复供电后,直流电池将自动转至充电模式。

家庭智能单元主机所有经过确认的报警信息,通过 8XE 信息网络传至 eCG 网关和小区监控电脑,并在 eCG 网关和小区监控电脑内形成报警事件纪录,保安当局可以通过翻查纪录追踪报警或事件发生的顺序和时间。

2. 家庭自动化功能说明

家庭自动化功能可以通过以下几种方式实现。

(1) 通过互联网浏览器控制家电。采用电脑或 WAP 无线上网手机的浏览器,通过浏览网页远程了解家电的运行状态和控制家电。

(2) 通过拨打家庭电话远程了解家电的运行状态和控制家电,具有语音提示功能。

(3) 通过户内电话分机(免费)了解家电的运行状态和控制家电,具有语音提示功能。

（4）通过全汉化智能液晶显示键盘了解家电的运行状态和控制家电。

（5）通过事件或时间程序自动控制家电。

（6）通过红外线（IR）方式远程遥控空调、电动窗帘、照明灯具、家用电器等。

现代的家庭拥有更多功能复杂的家用电器设备，家庭智能单元主机可以实现对这些家电设备的自动化控制和遥控功能。系统通过时间或事件程序进行自动化控制，住户可以根据需要和光线的变化来控制电器设备和照明灯具的开启和关闭，也可以通过电话线路和互联网络控制家电的启停。家庭智能单元主机具有对家庭中的任何一件电器产品同时进行以下五种控制的能力：在屋内通过智能液晶显示键盘控制；由红外线控制和调节；在屋内进行无线遥控（无绳电话子机）；通过报警信息、家庭保护模式、事件或时间响应实施联动控制；在异地通过电话线路和互联网络进行远程控制和调节。

无论是自动控制还是遥控，家庭智能单元主机均可以通过系统的控制状态反馈检测，以网页图标、文字或电话语音方式通知屋主目前家电设备的运行状态。这个带反馈检测的功能，是家庭智能单元主机在家庭自动化方面与其他厂商同类产品最重要的区别之一。由于其他同类产品不能提供家电设备运行的确切状态，因而很容易造成屋主的误操作。例如：屋主欲将某一家电设备电源遥控关闭，而该家电已处于电源关断状态（这一点往往是在屋主已记不清该电源是否已关闭的情况下发生的），如果此时屋主遥控操作反而会让该家电设备电源开启，导致误操作（这是由于通常控制是由继电器的动作来实现的）；而家庭智能单元主机具有控制状态反馈检测功能，当屋主进行这一类误操作时，系统不但不会执行开启的指令，同时还会通过语音方式提示屋主"电源已关闭"。

家庭智能单元主机具有红外线自学习功能，这是系统具有的独特功能，通常采用红外线控制的家庭智能化系统需要采用复杂的红外线学习设备，才能够将学习后的红外线码下载到控制器中，这样就给家庭智能化系统灵活控制不同的红外线遥控电器带来了不便。8XE 家庭智能单元主机配置 IR 接收自学习模块，用户只需将家电红外线遥控器对准 IR 接收自学习模块，家庭智能单元主机就会自动将学习后的该红外线遥控器代码录入控制程序中。

3. 可视对讲功能说明

新颖的双屏 LCD 液晶屏显示与操作面板，将可视对讲显示和家庭安防与自动化控制操作集成在同一个显示与操作面板上。住户可以方便地通过该面板同时进行可视对讲和家庭安防与家电控制的显示与操作。上述硬件集成可进一步扩展可视对讲与家庭安防、家电控制的联动功能，实现三方通话功能、遥控开锁功能和与 IC 卡门禁系统的联锁联开功能。

4. 四表数据采集与显示功能说明

家庭智能单元主机能实现家庭内电表、水表、煤气表读数（脉冲方式）的采集和存储，并通过住宅小区智能化系统监控中心电脑软件设定每一家庭用户每月向小区物业管理中心传输所采集的读数的时间和次数。小区监控中心电脑将传送来的数据进行统计和换算，并通过打印机打印出每一户每一个月电表、水表、煤气表的读数和应交纳的金额。中心电脑软件具有同时查询小区任意一户四表（生活水表、饮用水表、电表、煤气表）在若干月内的使用读数和已交或欠交费用的状况的功能，可实现四表数据的自动采集和远传，通过客厅控制面板显示四表数据，通过家庭留言板发出欠费催缴通知。

5. 信息显示与家庭留言功能说明

小区物业管理中心或远端用户通过小区 ASP 网站的物业管理信息交互页面或住户家庭页

面留言板,将小区信息广播和家庭留言通过互联网、小区局域网及控制总线传送到 24 小时在线的住户客厅控制面板上,实现信息的传递和显示功能。小区物业管理中心可以通过互联网或小区局域网向全区住户或指定的个别住户发送物业管理通知和物业交费通知;住户可以通过 24 小时在线的 8XE 家庭客厅控制面板显示上述信息和通知。当小区物业管理中心举办文化娱乐活动、发布通告(或广告)时,只需在 ASP 网站广播网页内写入一段文字,所有住户就立即都可以看到。这种方式也可以用来做广告。

公共社会服务性机构,如电力公司、自来水公司、煤气公司等,也可通过互联网进入小区 ASP 网站直接向小区有关物业管理部门和住户发布信息和通知。

6. 家庭留言板功能

当住户有事不能按时回家,或者出差在外地时,只需通过互联网浏览器进入小区 ASP 网站上本住户的家庭主页中的留言板,写上一段留言文字,在家的家庭成员就可以立刻收到该留言,比发邮件还要简单、方便。同时,每当家庭客厅控制面板接收到信息时,控制面板便会发出轻柔的声音提示在家的家庭成员阅读信息。

5.4.3　别墅智能化的设计

从别墅户型图及控制需求分析,别墅与大平层智能控制的区别主要在于家庭影院控制、背景音乐控制、安防监控系统、门锁控制、可视对讲系统等。别墅方案采用杜亚 Do-Bus 系统控制,该系统由 5 层结构组成,即智能主机-网关-设备、可编程网关、TCP/IP 背景音乐、可视对讲、NVR 及模拟摄像头。网关与主机、背景音乐、硬盘录像机、可视对讲系统通过 TCP/IP 相连于同一个交换机上,设备与网关通过 Do-Bus 总线相连。家庭影院设备、背景音乐主机、网络硬盘录像机、网络交换机会集中放置于机房,用一个多媒体机柜统一安装管理。

别墅家庭影院控制与大平层家庭影院控制的区别在于:大平层使用的是杜亚家庭影院定制网关,别墅使用的是可编程网关;杜亚定制协议网关只能控制指定的部分高端品牌,对别墅控制有一定局限性,别墅的家庭影院控制类型更加多样化,所以需配置可编程网关来实现多样化高端设备的各种协议控制;别墅家庭影院系统是通过杜亚可编程网关,利用设备 RS485、RS422 或 RS232 协议转换控制的,需编程才可以在 APP 客户端添加使用,需要提供被控设备的通信协议。

别墅背景音乐控制与大平层背景音乐控制的区别在于大平层使用的是杜亚背景音乐定制网关,别墅使用的是与杜亚直接通过 TCP/IP 协议对接的背景音乐主机。

别墅的安防监控系统改变了硬盘录像机和摄像头的类型,使用的是模拟摄像头和 NVR 网络硬盘录像机;系统包括监控设备、传感设备、报警设备、存储设备;室内传感设备通过杜亚总线安防模块接入系统,结合模拟类型摄像头,摄像头连接 NVR 网络硬盘录像机,实现对住宅的实时监控。

别墅可视对讲系统与大平层可视对讲系统的区别在于大平层的电子门锁与可视对讲系统一起是通过 TCP/IP 与杜亚主机对接的,而别墅的电子门锁是独立控制的,其电子门锁控制利用杜亚电子门锁模块与门锁的连通器模块进行 RS232 协议对接,然后在手机 APP 客户端实现直接添加控制。

庭院控制系统包括室外安防主机、花园背景音乐区、庭院照明系统、庭院遮阳系统、智能车库及喷泉洒水系统;室外安防主机由可编程网关控制,监控用模拟摄像机通过同轴线缆与网络硬盘录像机连接,实现高清的监控画面;花园背景音乐区为室内的一个单独音区;庭院照明涉及普通开关灯、喷泉水灯及 RGB 背景灯带;庭院遮阳系统主要配置遮阳棚,搭配风光雨传感器联动,根据气象变化打开或关闭;智能车库的门通过标准型电机和标准型电机模块控制;喷泉洒水系统由大功率开关模块控制,可定时打开或关闭。系统设备结构示意图如图 5.7 所示。

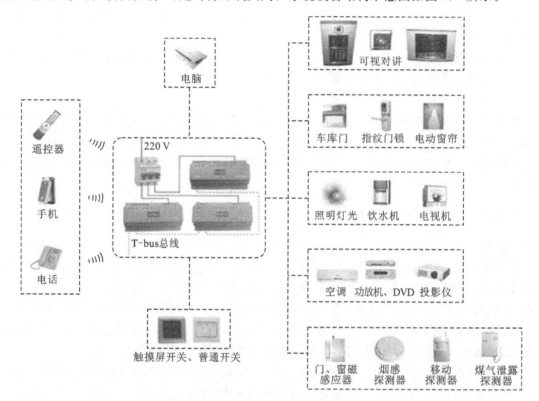

图 5.7 系统设备结构示意图

室外控制信息采集表如表 5.9 所示。

表 5.9 室外控制信息采集表

设备区域	灯光开关类			遮 阳 类		背景音乐类		安防监控类				可视对讲类	其 他		
	普通开关灯	喷泉水灯	RGB灯带	遮阳棚	天篷帘	触屏式主机	仿真喇叭	数字摄像头	入侵探测器	风光雨传感器	声光报警器	门口机	晾衣架	喷水电磁阀	车库门
露台	2				2					2	2		1		
庭院	6	1	2	3		1	6	6	6			1		3	1

1. 灯光开关类

普通开关灯和喷泉水灯及喷水电磁阀,由于负载较大,所以需配置四路大功率模块控制。RGB 灯带需要配置防水灯带加内置调光驱动器的 RGB 调光模块,模块需外接大功率开关电源(12 V/24 V)。若超出模块最大负载,则需要更换另一款需外置 PWM 调光驱动器的 RGB 调光模块(HT2006)。

2. 遮阳类

庭院配置 3 个遮阳棚,可使用双路交流电机模块控制(室外遮阳要选用大扭力的标准型电机,智能电机的最大扭力只有 10 N),露台配置天篷帘和风光雨传感器,可根据气象变化发出无线信号,让天篷帘打开或关闭。

3. 安防监控类

配置 6 个数字摄像头连接网络交换机,入侵探测器 6 对、声光报警器 2 个接入安防主机,安防主机再通过可编程网关做相应对接加入智能系统。

4. 可视对讲类

配置门口机 1 台,与室内机通过网络连接智能系统,实现语音对讲,联动电子门锁可远程开门。

5. 其他

露台配置晾衣架,可直接接入总线添加控制,联动风光雨传感器,根据气象变化自动收晒衣物;车库门使用标准型电机搭配双路交流电机模块控制,可配入智能遥控器。

5.5　扩展阅读——公子小白 SmartPlus

2013 年是智能家居的元年,经过多年的快速发展,智能家居单品和系统的连接已经达到了不错的水平。随着 2016 年机器人的快速崛起,智能家居的交互层面得到了一个质的飞跃,现在我们可以通过机器人和家居交互,真正做到通过语言、手势这些更好的方式来实现对智能家居的控制。

1. 公子小白的基础功能

公子小白是一款具有超强自然语言系统、超智能云端大脑、超精准数据处理功能的桌面型智能机器人,它有以下基础功能(见图 5.8)。

问答　闲聊　记忆　调教　音乐　天气预报　闹钟

提醒　新闻　故事　主动推送　家电控制　家庭监控　相机

图 5.8　公子小白的基础功能

1) 问答

问答包括主人认识问答、自我认知问答及第三方知识问答三部分。

主人认识问答是指机器人基于记忆、主人录入的信息及机器人分析所得的主人特征,对和主人相关的问题进行回复。

自我认知问答是指机器人基于对自身的了解,对和自身相关的问题进行回复。

第三方知识问答是指机器人基于数据挖掘,对一些常见的第三方知识类问题进行回复。

2) 闲聊

闲聊功能是指机器人基于人数据、机器学习及自然语言处理技术,对用户的闲聊内容进行有趣的回应。

3）记忆

用户可以通过语音让机器人记住事情语句，并可以在和机器人聊天时触发对应内容的回答。

语音："记住×××"；需要查看记录时说"记住了什么？"

4）调教

通过语音教机器人对特定内容做特定回答，并可以在和机器人聊天时触发这些特定内容的应答，也可以在触发应答时对回答内容做修改。

语音："当我说×××你就说×××"；需要修改就在触发机器人回答后说"不对，你要说××"；"清除记忆"（会同时清除所有记忆和调教的内容）。

5）音乐

语音点播歌曲、切换歌曲、按歌手点播、分类点播、随机播放。通过APP查询歌曲和播放、暂停歌曲。

语音："放一首歌""唱一首×××""换一首歌""放一首×××的×××歌"等。

APP：播放、暂停、切换。

6）天气预报

语音查询天气，按时间和地点查询天气。

语音："今天的天气""深圳今天的天气怎么样""播报天气"等（机器人会主动询问地点）。

7）闹钟

语音设置闹钟、删除闹钟；通过APP可以添加、修改、查看和删除闹钟；新建24小声内的闹钟或固定循环的闹钟，最多可以创建30个闹钟。

语音："新建8点的闹钟""删除闹钟"（删除所有闹钟）"7点叫我起床"等。

APP：新建闹钟，查看闹钟，修改单个闹钟，删除单个或全部闹钟。

8）提醒

语音设置提醒、删除提醒；通过APP可以添加、修改、查看和删除提醒；最多可以新建30个提醒，时间限制为2个月。

语音："20分钟后提醒我喝水""下午3点提醒我上课""删除全部提醒"等。

APP：新建2个月内的提醒，查看提醒，修改提醒，删除提醒。

9）新闻

语音点播新闻，可以按时间点播。

语音："播放今天的新闻"等。

10）故事

语音点播故事、切换故事，可以按故事名和关键字点播、随机播放。通过APP可以查询和播放、暂停故事。

语音："放个故事听一下""播放×××故事""下一集""放一个×××的×××故事"等。

APP：播放、暂停、切换。

11）主动推送

机器人会在特定的生活场景下,对主人进行问候,提出一些生活小贴士,或推荐主人使用某一功能。机器人会尽可能准确地判断主人的需求,从而提出对主人有用的建议。

12）家电控制

目前普通版的公子小白可以通过红外控制空调,其他设备待升级。

13）家庭监控

APP 进入监控后可以从手机上通过公子小白查看家里的情况,可以从 APP 上调整摄像头角度,录像或通过公子小白发语音。

APP:进入监控功能,点击录像;进入语音功能,进行录像和发送语音。

14）相机

让公子小白拍照,可以在 APP 上查看照片,并可以把照片从 APP 里保存到本地。

语音:"给我拍照"等。

APP:进入照片功能,进行照片查看。

2. 公子小白 SmartPlus 在智能家居领域的应用

公子小白 SmartPlus 是公子小白的升级版,被广泛用于智能家居的交互中心。用户可以对公子小白 SmartPlus 下达语音指令,从而对灯光、窗帘、电视、空调、场景等进行控制,不再需要通过按开关或者打开 APP 来控制各种设备、场景,进而实现更加智能化、"懒人化"的交互体验。公子小白系统连接示意图如图 5.9 所示。

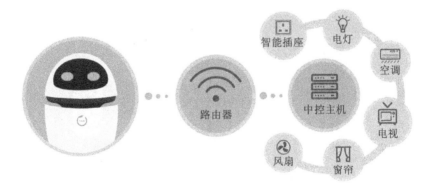

图 5.9　公子小白系统连接示意图

同时,公子小白 SmartPlus 不只是单纯地给智能家居系统增加了一个语音控制,它包含的是指令型交互、上下文理解交互和主动交互三个层次(见图 5.10)。

图 5.10　公子小白 SmartPlus 包含的三个层次

公子小白 SmartPlus 背后的支撑是公子小白云端强大的语义引擎(见图 5.11)。

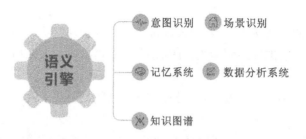

图 5.11 公子小白云端的语义引擎

随着技术的发展及物联网的无限扩大,最终人工智能会从家庭走向社区、走向城市。

第6章
实验案例

6.1　智能家居产品认知实验

1. 实验目的

(1) 掌握 VillaKit 系统的组成。

(2) 了解 VillaKit 技术的原理。

2. 实验原理

1) 系统组成

依据 VillaKit 的接口不同,可将智能家居系统分为主机子系统和外设。主机子系统以主机为核心,还包括开关面板、安防传感设备和移动控制终端设备等。外设是主机子系统集成的外部设备,包括电动窗帘、背景音乐和机器人等。VillaKit 系统的组成如图 6.1 所示。

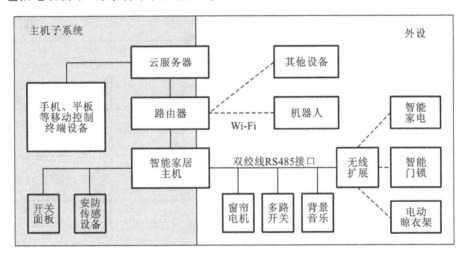

图 6.1　VillaKit 系统的组成

2) 原理

主机子系统内部的通信采用的是主机厂商私有协议。主机子系统和外设之间的通信采用的是 VillaKit 协议。按照通信介质的不同,VillaKit 的通信协议有如下 3 种。

(1) RS485 双绞线通信介质的技术规范。

(2) 基于 TCP/IP 通信的方式,如 Wi-Fi、以太网。

(3) 微功耗无线通信方式。

RS485 双绞线通信介质的技术规范属于 VillaKit1.0,基于 TCP/IP 通信的方式和微功耗无线通信方式属于 VillaKit2.0。本次实验以 VillaKit1.0 为主。VillaKit1.0 在物理层采用 RS485 通信介质,在此之上采用技术成熟的 Modbus-RTU 协议进行变量操作。不同的设备厂商对变量地址进行定义,从而保证互操作性。VillaKit 原理图如图 6.2 所示。

3. 实验器材

VillaKit1.0 实验箱。

4. 实验内容与记录

(1) 观察实验箱,认真读各主机的实验指导书,找出实验箱所展示的智能家居系统组成,并在表 6.1 中填写各部分组成。

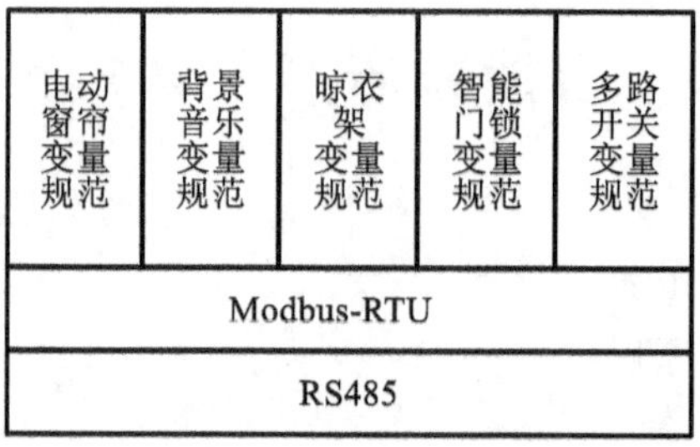

	电动窗帘变量规范	背景音乐变量规范	晾衣架变量规范	智能门锁变量规范	多路开关变量规范
	Modbus-RTU				
	RS485				

图 6.2 VillaKit1.0 原理图

表 6.1 实验记录表

	名　称	功　能	接　口	特　点
主机子系统				
外设				

(2) 找出一种外设的接口,观察外设与主机子系统是如何连接的。

5. 实验注意事项

注意带电操作的过程中防止触电,以免发生人身事故。

6. 思考题

(1) 请查阅相关资料,了解 RS485 的通信特性。

(2) 请查阅相关资料,了解 Modbus-RTU 通信协议的应用和具体规范。

(3) 请在联盟网站下载 VillaKit1.0 产品手册,了解相关产品。

6.2　照明系统集成调试实验

1. 实验目的

(1) 掌握通过 C5 主机的 SmartNet 口,控制 Q4 的继电器,从而控制灯光的开关。

(2) 学习 C5 主机的数字量编程方法,掌握 C5 的 SmartNet 设备配置方法。

2. 实验原理

现代照明设计不但要满足照度标准,而且需考虑灯光的控制效果及便捷控制等,通过主机,接入调光控制器,实现调光灯设备的智能控制。照明系统原理图如图 6.3 所示。

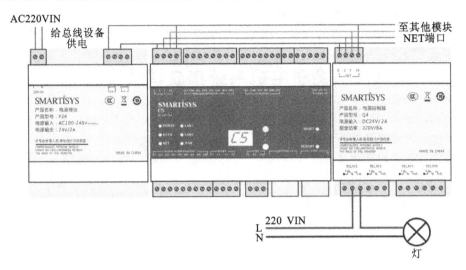

图 6.3 照明系统原理图

3. 实验器材

VillaKit 实验箱。

4. 实验内容与记录

调光控制器,12～24 V 宽电压供电,总线控制信号线接入。输出端,火线接"in"端,"out"端接到灯光负载,灯光负载零线与模块零线共零。L 线可用强电配电箱空开引入。输入端,接入开关面板。

1）在调光控制器上直接控制灯光

（1）调光控制器通电,DC 12～24 V。

（2）将调光灯四路输出 L 接到 220 V 电源 L,N 接到 220 V 电源 N。

（3）调光灯 OUT1 接灯带,OUT2 接左筒灯,OUT3 接右筒灯。

（4）按下"EN"键,按"1.4"按键,选择要调光的通道,选中的通道指示灯会变成绿色。长按"ON",灯光会慢慢亮起,直到最亮；长按"OFF",灯光会慢慢变暗,直到关闭。

2）使用面板调光

（1）调光控制器通电,DC 12～24 V

（2）将调光灯四路输出 L 接到 220 V 电源 L,N 接到 220 V 电源 N。

（3）调光灯 OUT1 接灯带,OUT2 接左筒灯,OUT3 接右筒灯。

（4）弱电面板 1 接到调光控制器 IO1,面板 2 接到调光控制器 IO2,面板 3 接到调光控制器 IO3,面板共地,接到调光控制器的 G。

3）使用安 e 生活 APP 控灯

（1）打开安 e 生活 APP。

（2）进入控制页面,点击灯带/左筒灯/右筒灯,可控制灯光开/关及灯光开度。

（3）使用面板调节灯光开度,在 APP 上可以实时反馈灯光的开度。

5. 实验注意事项

调光灯输出端 L/N 需接 220 V 电源,接线时请注意安全。

6. 思考题

（1）面板控制调光灯，长按和短按有什么区别？

（2）安 e 生活 APP 上是否可以显示调光灯的实际亮度？

6.3　窗帘电机系统集成调试实验

1. 实验目的

（1）了解窗帘电机的接线原理。

（2）掌握窗帘电机的集成方法。

2. 实验原理

窗帘电机的结构图如图 6.4 所示。

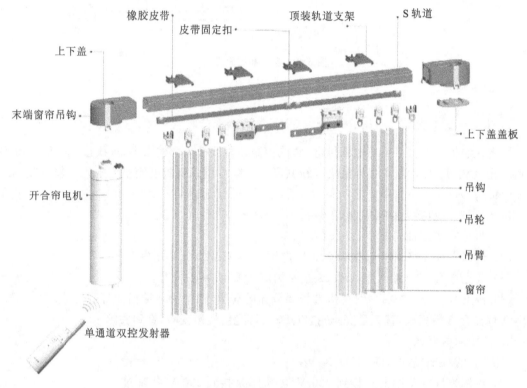

图 6.4　电动窗帘的结构图

3. 实验器材

（1）窗帘电机。

（2）智能主机。

4. 实验内容与记录

1）按照以下步骤集成主机和窗帘电机

步骤 1：通过 RS485 控制电机接线（除了下图的接线外，还要接电机的电源线），如图 6.5(a) 和图 6.5(b)所示。

步骤 2：窗帘电机切换到 RS485 控制模式，如图 6.5(c)所示。

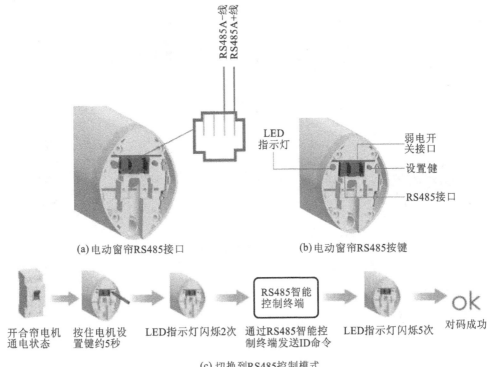

图 6.5　电动窗帘 RS485

2）观察窗帘电机与主机的集成

操作实验箱中的窗帘电机，观察与主机集成的方式，并画出结构图。

5. 思考题

（1）电动窗帘的工作原理是什么？

（2）如何测试窗帘电机集成成功？

6.4　背景音乐系统集成调试实验

1. 实验目的

（1）了解、掌握背景音乐系统架构。

（2）了解背景音乐系统的集成方法。

2. 实验原理

家庭背景音乐系统有机地融合人文、艺术、科技与时尚，努力地把家庭打造成理想、自由、浪漫、和谐的第三空间。背景音乐系统原理图如图 6.6 所示。

背景音乐系统由控制面板、数字功放、吸顶扬声器三个部分组成，主要功能有：支持 TF 卡播放，开机自动播放，网络广播，多种播放模式（全部、顺序、单曲、随机）选择，支持外接音频输入，支持外接音频输出，支持 3 档定时播放（闹钟），红外遥控，RS485 双向通信，手机 DLNA/Airplay 音乐推送，支持音频格式（MP3、WMA、FLAC、APE、OGG、WAV、ACC）。

3. 实验器材

（1）音丽士背景音乐控制面板 1 台（LV630）。

175

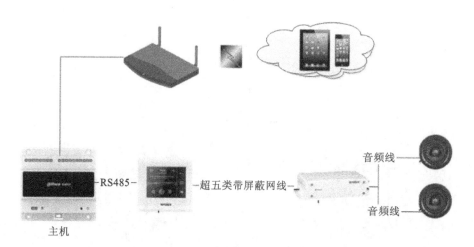

图 6.6　背景音乐系统原理图

(2) 音丽士数字功放 1 台(LV230)。

(3) 音丽士吸顶扬声器 2 个(C518)。

(4) 中控主机 1 套。

4. 实验内容与记录

1) 背景音乐系统的集成

按照图 6.7 所示连接功放和控制面板,通过控制面板控制音乐播放。

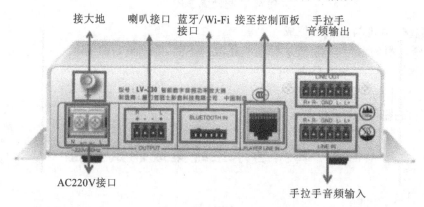

图 6.7　背景音乐系统的接口

2) 通过 485 接口连接主机

音丽士背景音乐系统通过 485 接口连接主机。音丽士背景音乐系统的 A 线、B 线分别接网关的 A2、B2。依据实验箱操作说明通过主机对背景音乐进行控制。

5. 实验注意事项

(1) 系统必须接入稳定的 220 V 交流电,并旋紧接线端子,套好绝缘胶套。

(2) 控制面板与数字功放必须采用超五类带屏蔽网线,水晶头须使用带金属外壳的型号且网线长度不得大于 15 m。

(3) 扬声器的正、负极请勿接反。

(4) 请勿频繁地通电、断电。

6. 思考题

(1) 背景音乐系统给我们的生活带来了哪些好处?

(2) 简述 TCP/IP 与 RS485 接口的优劣。

6.5 暖通系统集成调试实验

1. 实验目的

(1) 了解、掌握暖通系统架构。

(2) 了解暖通系统的集成方法。

2. 实验原理

暖通系统用于控制家庭内部的暖通设备,如地暖、空调、新风等。暖通系统通过控制面板实现与暖通设备的连接。控制面板具有 RS485 接口,连接到主机实现和整个智能家居系统的联动。智能控制面板内部带有 5 个继电器;3 个大继电器(5 A)用于控制风机盘管高、中、低风速,2 个小继电器(1 A 以下)用于控制冷/热阀或地暖。暖通系统原理图如图 6.8 所示。

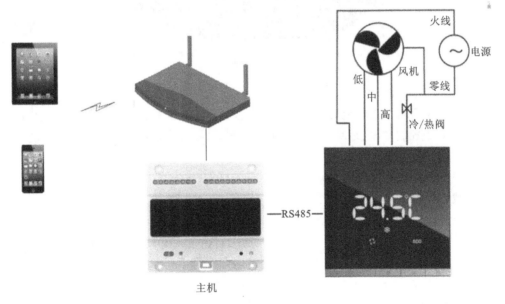

图 6.8 暖通系统原理图

图 6.10 中,液晶面板显示作为空调控制时,能显示当前控制的是空调,以及时间、当前温度、设置温度、风速、模式。液晶面板显示作为地暖控制时,能显示当前控制的是地暖,以及时间、当前温度、设置温度、地暖开关状态。液晶面板显示作为新风控制时,能显示当前控制的是新风,以及时间、风速、模式。

3. 实验器材

(1) 温控器 1 台。

(2) 中控主机 1 套。

4. 实验内容与记录

1) 步骤 1

连接控制面板的电源线和 RS485 控制线,如图 6.9 所示。

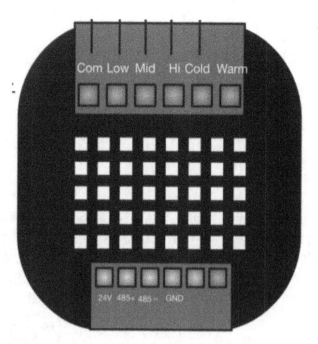

图 6.9　接口图

2) 步骤 2:控制设备选择

智能控制面板可直接对空调、地暖、新风进行控制。分体式控制面板能与 AC 执行器通信,通过控制执行器来控制空调、地暖、新风;能通过设置,切换界面,控制空调、地暖、新风。

3) 步骤 3:功能控制

(1) 开关机键控制面板的开和关。

(2) 加减键控制设置温度。

(3) 风速键控制当前风速,能使高速、中速、低速、自动这 4 个风速循环切换。

(4) 设置键控制模式,能切换制冷(制冷阀打开、制热阀关闭)、制热(制热阀打开、制冷阀关闭)、送风(制冷阀关闭、制热阀关闭)这 3 个模式。

(5) 控制空调,能根据当前室温与设定温度值自动控制空调(温度范围为 5~30 ℃),也能手动控制空调高、中、低风速及制冷/制热;控制地暖,能控制地暖打开/关闭;控制新风,能控制新风打开/关闭及风速。

5. 思考题

(1) 暖通系统在接地暖和空调时的接线方式有何不同?

(2) 设想暖通系统和其他系统联动的场景。

6.6　安 e 系统集成调试实验

1. 实验目的

(1) 了解安 e 系统的接入原理。

(2) 了解安 e 系统的基本功能。

2. 实验原理

安e系统采用的是网络视频监控系统,是通过有线或无线IP网络把视频信息以数字化的形式来进行传输。家庭监控系统通常由前端IPC、路由交换设备及本地和远程的访问客户端组成。摄像机主要由镜头、传感器、处理器组成。安e系统选用百万级高清像素摄像机,支持低码流监控,既有隐私保护功能,又可实现视频联动等应用推送。监控系统的组成如图6.10所示。

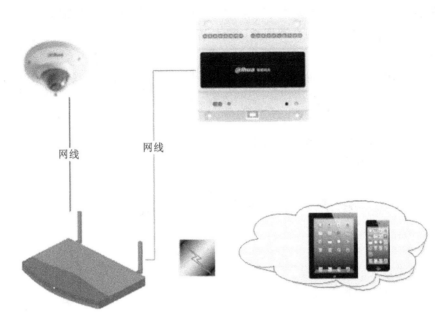

网线   网线

图6.10 监控系统的组成

3. 实验器材

(1) 高清红外半球摄像机1个。

(2) 网线1根。

(3) 12 V电源线1根。

(4) 小华主机1台。

(5) 智能终端APP或Pad 1台。

4. 实验内容与记录

系统通电,主机及摄像机全部接入网络,安e生活APP添加网关。

1) 实时监控

进入服务页面,点击视频看护,可实时查看摄像机视频。

2) 云台控制,三维定位

点击视频页面,界面出现▣图标,点击图标,在视频界面上进行上/下/左/右/左上/左下/右上/右下等八个方向的操作;可放大或缩小视频,可单点定位。

3) 码流设置

点击视频页面,界面显示流量设置下拉框,可选择省流量/流畅/清晰/高清,可任意切换。当切换到不同的清晰度时,视频效果也会相应地发生改变。

4）隐私保护设置

在视频看护页面,点击隐私保护,可设置隐私保护模式;取消隐私保护模式,需输入密码(666666)。

5）预置点设置

在视频看护页面,点击图标 ,点击预置点,可选择预置点或者设置预置点。设置预置点时,将视频移到相应的位置,点击预置点设置,选择预置点编号,则此位置即设置的预置点。下次再选择这个预置点时,IPC 就会自动切换到此位置。

5. 实验注意事项

若安 e 生活 APP 上无法查看 IPC 的视频,摄像头图标显示灰色,则需检查 IPC 是否通电及网络是否连通。

6. 思考题

(1) 安 e 系统如何设置或取消隐私保护?

(2) 安 e 系统视频监控包括哪些功能?

6.7　报警系统集成调试实验

1. 实验目的

(1) 了解报警系统的实现原理。

(2) 了解报警系统的基本功能。

2. 实验原理

本次实验中,报警系统采用调光控制器作为报警主机,配置第六路 IO 作为报警通道。报警紧急按钮的两芯信号线,分别接调光控制器的 IN6 和 G。通过安 e 生活 APP,可进行布撤防。在布防状态下,按下紧急按钮,APP 上可以收到报警信息,发生报警后,可联动所在区域的视频。

3. 实验器材

(1) 调光控制器 1 个。

(2) 紧急按钮 1 个。

(3) 电源线导线若干。

(4) 小华主机 1 个。

(5) 智能终端 APP 或 Pad 1 个。

4. 实验内容与记录

报警系统接线图如图 6.11 所示。

展箱设备通电,安 e 生活 APP 添加网关(详见安 e 生活 APP 使用说明),触发紧急按钮,APP 上可收到报警信息,同时联动 IPC。使用钥匙复位紧急按钮,安 e 生活 APP 上会收到报警恢复信息。

5. 思考题

报警系统的基本功能有哪些?

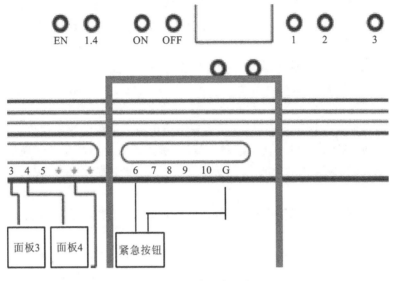

图 6.11 报警系统接线图

6.8 组态软件仿真实验

1. 实验目的

(1) 了解组态编程的开发环境。

(2) 掌握组态软件的简单设计。

2. 实验原理

组态软件是指一些数据采集与过程控制的专用软件。它们处在自动控制系统监控层一级的软件平台和开发环境,使用灵活的组态方式,为用户提供快速构建工业自动控制系统监控功能的、通用层次的软件工具。组态软件的应用领域很广,可以应用于电力系统、给水系统、石油和化工等领域的数据采集与监视控制及过程控制等。近年来,组态软件在智能家居、智能建筑等方面的应用已经成为新的发展方向。

"组态"的含义是"配置""设定""设置"等,是指用户通过类似"搭积木"的简单方式来完成自己所需要的软件功能,而不需要编写计算机程序。通用组态软件的主要特点如下。

(1) 延续性和可扩充性。用通用组态软件开发的应用程序,当现场(包括硬件设备或系统结构)或用户需求发生改变时,无须做很多修改就能方便地完成软件的更新和升级。

(2) 封装性(易学易用)。通用组态软件所能完成的功能都用一种方便用户使用的方法包装起来,对于用户来说,无须掌握编程语言技术就能很好地完成一个复杂工程所要求的所有功能。

(3) 通用性。每个用户根据工程实际情况,利用通用组态软件提供的底层设备(PLC、智能仪表、智能模块、板卡、变频器等)的 I/O 驱动器、开放式的数据库和画面制作工具,就能完成一个具有动画效果、实时数据处理、历史数据和曲线并存、具有多媒体功能和网络功能的工程,不受行业限制。

组态软件通常有以下功能。

（1）强大的界面显示组态功能。丰富的作图工具，可使用户随心所欲地绘制出各种工业界面，从而将开发人员从繁重的界面设计工作中解放出来；丰富的动画连接方式，如隐含、闪烁、移动等，可使界面生动、直观。

（2）良好的开放性。社会化的大生产，使得系统构成的全部软硬件不可能出自同一家公司，"异构"是当今控制系统的主要特点之一。开放性是指组态软件能与多种通信协议互联，支持多种硬件设备。开放性是衡量一个组态软件好坏的重要指标。组态软件向下应能与低层的数据采集设备通信，向上应能与管理层通信，实现上位机与下位机的双向通信。

（3）丰富的功能模块。提供丰富的控制功能库，满足用户的测控要求和现场要求。利用各种功能模块，完成实时监控，产生功能报表，显示历史曲线、实时曲线，使系统具有良好的人机界面，易于操作。

（4）强大的数据库。配有实时数据库，可存储各种数据，如模拟量、离散量、字符型等，实现与外部设备的数据交换。

（5）可编程的命令语言。有可编程的命令语言，使用户可根据自己的需要编写程序。

（6）周密的系统安全防范，给不同的操作者提供不同的操作权眼，保证整个系统的安全、可靠运行。

（7）仿真功能。提供强大的仿真功能，使系统并行设计，从而缩短开发周期。

思美特组态软件是智能家居当中常用的组态软件。

思美特二次开发平台分为人机交互界面编程（Smart Touch Designer）和控制流程编程（Smart Control Builder）两部分。其中，Smart Touch Designer 界面编辑软件与 Smartisys® 系统的控制主机综合使用，可为 Smart Control Builder 软件所编制出来的用户程序提供精美、直观的人机交互界面。用 Smart Touch Designer 软件制作出来的界面程序可以下载到触摸屏上使用，也可以在电脑上直接运行。

Smart Control Builder 是 Smartisys® 控制系统专用的编程工具，全面支持 Windows 操作系统，具有人性化的操作界面和交互的控制结构，为应用工程师提供了灵活、开放的可编程控制平台。整个软件提供了近百条逻辑指令，工程师可以根据需要制定出功能强大的控制程序。

3. 实验器材

VillaKit 实验箱（思美特主机）。

4. 实验内容与记录

1）系统安装

请登录思美特官网获取相关软件，解压后运行 Smart Touch 安装程序，如图 6.12 所示。

进入 Smart Touch Designer 后，出现如图 6.13 所示的主窗口。

图 6.14 中，左边的资源区列出了当前工程中用户添加的控件（Project 区）和使用过的图片资源（Resource 区），通过窗口下部的两个标签可以在 Project 区和 Resource 区自由切换。中间的工程区用来对工程界面进行设计和制作。右边的属性区可用来对当前选中控件的具体内容进行调整和设置，如改变控件颜色，设定控件风格，控件执行动作等。

鼠标指在工具栏上的某一个工具上时，下方的状态条会显示出所指向工具的名称。

2）新建工程

点击文件菜单中的"新建—工程"选项或工具栏中的"新建工程"按钮，在出现的对话框中选择触摸屏类型（如 iPad 和工程存储位置等），然后单击"确认"，便可建立一个新的工程。

图 6.12　Smart Touch Designer **启动界面**

图 6.13　Smart Touch **软件设计界面**

新建页面:点击文件菜单中的"新建—页面"选项或工具栏中的"新建页面"按钮或子页。

加入控件:页面建立起来后,就可以向页面中拖入控件了,加入控件可以通过菜单里的菜单选项或在工具栏上选择相应的工具来实现,先选择,然后在页面中拖动便可。

对象属性:本程序的最大特点在于对象属性的操作全部集中到了属性窗口(见图 6.15)中,所有的修改和个性化设置都可以在一个窗口中完成,如果需要查看或设置属性,只需要用鼠标双击对应的控件便可,非常方便。

更多操作欢迎自行逐个尝试,完成后,可以随时上传到 iPad 预览效果,也可以直接在 Windows 上运行模拟器查看,通过设计和组合,可以设计出任意复杂度和个性化的界面来。

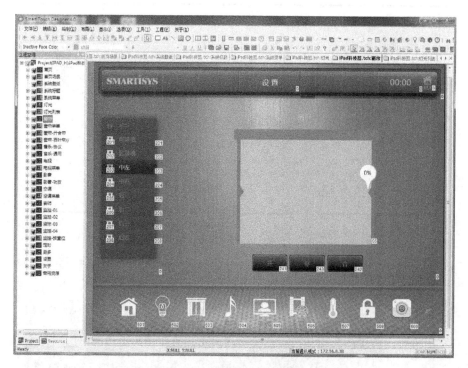

图 6.14　设计完成的界面

图 6.15　属性窗口

3）控制流程编程

思美特可视化流程编程工具通过组合一些设备、逻辑组件即可实现需要完成的控制程序的功能，提供组件的可管理性，并采用统一方式管理逻辑组件和设备组件；同时，允许用户自行管理这些逻辑组件，如采用类似于宏的方式由用户自定义一些逻辑组件和设备组件以实现特定的功能。

完成控制界面后，便开始设计控制流程，运行 VisCtrl。

新建一个工程后,可随时切换三种视图方式:逻辑视图、设备视图、连接视图。

在设备视图中,根据实际情况配置所有的模块和面板等设备后,切换到逻辑视图。使用逻辑视图,可以根据实际功能需求,随意编辑和组合模块。当需要了解某个模块的功能时,只需按模块右键,选择"帮助"即可。

5. 思考题

(1) 思美特组态软件的特点是什么?

(2) 如何通过网络获取其他智能家居组态软件的功能?

6.9　客户沟通与方案实验

1. 实验目的

(1) 掌握与用户进行智能家居设计沟通的方法。

(2) 了解智能家居系统设计的一般步骤。

2. 实验案例

小明和小红结婚后购买了一套 89 m² 的住房,住房户型为两室两厅一厨。户型图如图6.16所示。夫妇二人有一个 3 岁的女儿,偶尔夫妇二人的父母会过来帮着照顾一段时间。

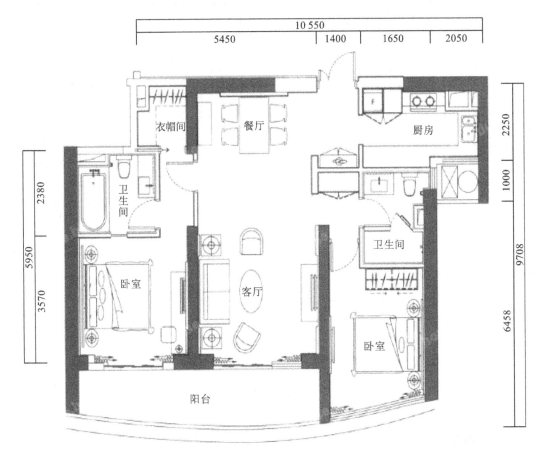

图 6.16　户型图

小明夫妇的房子想要智能化装修,找到了智能系统设计师小刚。小刚开始为小明夫妇打造智能家居系统。

3. 实验器材

VillaKit1.0实验箱。

4. 实验内容与记录

认真读实验案例,分析案例中的户型特点、人物需求。两人一组模拟用户和设计师,了解用户对智能家居的需求,填写表6.2。

表 6.2　用户需求表

基本信息	位置:		房型:		房价:		装修投资:		人员组成:		职业:	
安全需求分析:迫切需求(√),一般需求(△),没有需求(×)												
需求分析	监控、报警		安全看护(对象)		智能门锁		红外探测(移动感应)		煤气泄漏报警		紧急按钮	
	需求度	建议	需求度	建议	需求度	建议	需求度	建议	需求度	建议	需求度	建议
迫切需求												
一般需求												
没有需求												
健康需求分析:迫切需求(√),一般需求(△),没有需求(×)												
需求分析	PM2.5等		甲醛、VOC		温湿度		电动窗、遮阳		通风		新风	
	需求度	建议	需求度	建议	需求度	建议	需求度	建议	需求度	建议	需求度	建议
迫切需求												
一般需求												
没有需求												
生活品质需求分析:迫切需求(√),一般需求(△),没有需求(×)												
需求分析	灯光控制		电动窗帘		空调、地暖、新风		背景音乐		无线覆盖		个性化(扩展功能)	
	需求度	建议	需求度	建议	需求度	建议	需求度	建议	需求度	建议	需求度	建议
迫切需求												
一般需求												
没有需求												

5. 思考题

(1) 如果是酒店、别墅项目,那么该如何了解用户需求?

(2) 除了表6.2中的需求外,还可以增加哪些需求?

参 考 文 献

[1]　张永瑞,陈生潭,高建宁,陈瑞.电路分析基础[M].3 版.北京:电子工业出版社,2014.

[2]　刘耀年,霍龙.电路[M].北京:中国电力出版社,2005.

[3]　邱关源,罗先觉.电路[M].5 版.北京:高等教育出版社,2011.

[4]　欧伟明.实用数字电子技术[M].北京:电子工业出版社,2014.

[5]　阎石.数字电子技术基础[M].5 版.北京:高等教育出版社,2006.

[6]　康华光.电子技术基础(数字部分)[M].5 版.北京:高等教育出版社,2006.

[7]　查丽斌,张凤霞.模拟电子技术[M].北京:电子工业出版社,2013.

[8]　华成英,童诗白.模拟电子技术基础[M].4 版.北京:高等教育出版社,2006.

[9]　王云亮.电力电子技术[M].3 版.北京:电子工业出版社,2013.

[10]　熊宇.实用电力电子技术[M].北京:电子工业出版社,2015.

[11]　陆明,郭淳芳.传感器技术及应用[M].北京:中国工信出版集团,电子工业出版社,2015.

[12]　陈艳红.传感器技术及应用[M].西安:西安电子科技大学出版社,2013.

[13]　王毅.物联网与城市建设[M].北京:电子工业出版社,2012.

[14]　王斌.家庭网络与网络家电技术的研究与应用[D].西安:西安交通大学,2007.

[15]　王斌.《数字社区物联网应用导则》的介绍[J].智能建筑与城市信息,2011(10):88-91.

致　谢

　　本书的编写得到了中国智能家居产业联盟(CSHIA)二十余家企业的鼎力支持,各位技术研发总监提供了高质量的技术素材。本书是校企联合编写教材的全新尝试,特别感谢参编的所有企业。

编　者
2016.12.25

参编单位：
中国智能家居产业联盟(CSHIA)
武汉学院
嘉兴学院
宁波杜亚机电技术有限公司
摩根(中国)智能技术有限公司
厦门立林科技有限公司
杭州鸿雁智能科技有限公司
武汉思美特云智慧科技有限公司
南京派菲克物联科技有限公司
广东汇泰龙科技有限公司
深圳市新和创智能科技有限公司
厦门 ABB 振威电器设备有限公司
广州视声智能股份有限公司
北京赛万特电子科技有限公司
美的智慧家居科技有限公司
科大讯飞股份有限公司　讯飞开放平台
北京智云奇点科技有限公司
杭州小华科技有限公司
歌尔股份有限公司
广东晾霸智能科技有限公司
深圳狗尾草智能科技有限公司
厦门音丽士智能科技有限公司
海尔优家智能科技(北京)有限公司